江胜利

著

城市更新
改革趋向与实践探索

中国建筑工业出版社

图书在版编目（CIP）数据

城市更新改革趋向与实践探索 / 江胜利著. -- 北京：
中国建筑工业出版社，2024.8. -- ISBN 978-7-112
-30417-2

Ⅰ. TU984

中国国家版本馆CIP数据核字第20248L95K1号

责任编辑：朱晓瑜
责任校对：张惠雯

城市更新改革趋向与实践探索
江胜利　著

＊

中国建筑工业出版社出版、发行（北京海淀三里河路9号）

各地新华书店、建筑书店经销

华之逸品书装设计制版

北京中科印刷有限公司印刷

＊

开本：787毫米×1092毫米　1/16　印张：10¾　字数：159千字

2024年11月第一版　　2024年11月第一次印刷

定价：**55.00**元

ISBN 978-7-112-30417-2

（43763）

立足人民　凝聚共识
以改革为动力推进城市更新

　　城市更新是积极响应习近平总书记号召的改革工作。习近平总书记多次强调，城市是人民的城市，人民城市为人民。这一理念要求我们在城市更新过程中，始终把人民群众的利益放在首位，充分调动各方面改革积极性，做到改革为了人民、依靠人民、成果由人民共享。通过广泛听取各党派、各方面对国家大政方针、决策部署、重点战略的真知灼见，形成广泛的共识和信心。城市更新是积极落实国家部署的改革工作。党的二十大报告指出，加快转变超大特大城市发展方式，实施城市更新行动，加强城市基础设施建设，打造宜居、韧性、智慧城市。这为新时代我国城市发展指明了新方向、提出了新要求，实施城市更新行动是全面建设社会主义现代化国家的重大战略部署。城市更新是积极探索浙江实践的改革工作。浙江省遵循"以人民为中心，做到老百姓关心什么、期盼什么，改革就要抓住什么、推进什么"原则，自2021年起，把城市更新当作全新的工作，摆在突出位置，摆脱传统制度的束缚，以改革为动力，不断深化体制机制创新。同时，通过广泛协商，集思广益，统一思想及深化改革、提升治理能力、发挥群众主体作用等多种手段，共同推动城市的高质量发展。

一、深化改革、持续推动解决群众急难愁盼问题

　　习近平总书记强调，推进任何一项重大改革，都要站在人民立场上

把握和处理好涉及改革的重大问题，都要从人民利益出发谋划改革思路、制定改革举措。党的十八大以来，以习近平同志为核心的党中央始终坚持以人民为中心的发展思想，把人民群众的所思所想、所需所盼作为改革的出发点和落脚点。2019年习近平总书记在上海考察时指出，无论是城市规划还是城市建设，无论是新城区建设还是老城区改造，都要坚持以人民为中心，聚焦人民群众的需求，合理安排生产、生活、生态空间，走内涵式、集约型、绿色化的高质量发展道路，努力创造宜业、宜居、宜乐、宜游的良好环境，让人民有更多获得感，为人民创造更加幸福的美好生活。2024年中央政治局会议指出，进一步全面深化改革要总结和运用改革开放以来特别是新时代的经验，始终把人民利益摆在至高无上的地位，抓改革、促发展，归根到底就是让人民过上更好的日子。此外，中央提出实施城市更新行动，城市更新成为"十四五"时期政策新风口，强调要以人民为中心，注重问题导向、目标导向和结果导向相结合。

浙江省为深入贯彻落实习近平总书记关于城市更新的重要指示精神，聚焦为民，通过存量空间整合利用来改善居住环境，解决群众反映的急难愁盼问题。同时，出台了全国首个推进老旧小区自主更新的指导意见，鼓励业主自主出资改造，从而提升居民生活品质和城市环境。这种模式让居民从"要我改"转变为"我要改"，使得居民能够更积极地参与到城市更新中。此外，政府明确政策，确保居民住宅建设资金由产权人按比例承担，并通过技术措施对无法达到现行标准的情况进行适应性优化。

因此，在推进城市更新的过程中，必须立足于群众的实际需求，聚焦解决就业、教育、医疗、托育、住房、养老等民生领域突出问题。无论城市规划、城市建设、新城区建设、老城区改造，都要坚持以人民为中心，顺应人民对美好生活的新期待，适应人的全面发展和全体人民共同富裕的进程，把全生命周期管理理念贯穿城市规划、建设、管理全过程各环节。抓住人民最关心最直接最现实的利益问题，一件事情接着一件事情办，一年接着一年干，不断提高人民群众生活品质①。

二、深化改革、强化创新思维坚定攻坚克难信心

习近平总书记多次强调，改革必须有勇气和决心，坚持创新思维，跟着问题走、奔着问题去。在全面深化改革的过程中，要准确识变、科学应变、主动求变，在把握规律的基础上实现变革创新。还多次指出，改革要更加注重系统集成，坚持以全局观念和系统思维谋划推进，加强各项改革举措的协调配套，推动各领域各方面改革举措同向发力、形成合力。

因此，这就要求我们在实施城市更新行动时，一要从以往以增量建设为主的发展模式，转向统筹存量提质改造和增量结构调整并重的新发展理念。二要完善城市更新政策体系和配套规范，强化规划土地政策供给，指导更新方向；推进建设管理政策优化，推动项目实施；加强金融财税政策创新，激活多方参与。同时，要明确职责分工，加强党的领导，建立部门协调机制，并发挥基层组织作用②。三要利用现代信息技术如5G、物联网等，推进数字化基础设施建设，使科技更多地造福人民群众的高品质生活。四要通过城市体检全面评估城市发展中的突出问题，科学编制城市更新规划，坚持统筹谋划、整体推进、科技赋能，树立全生命周期管理意识，系统实施城市更新。坚持问题导向，打通"先体检、后更正"的实施路径，精准查找"城市病"，引导城市更新行动"对症下药"③。五要关注政府、市场和群众三方协同合作模式，同时要发挥好居民、专业团队和社会组织等主体作用，共同推动城市可持续发展，打造

---

① 新华社.习近平：深入学习贯彻党的十九届四中全会精神 提高社会主义现代化国际大都市治理能力和水平[EB/OL].[2019-11-03]. https://www.gov.cn/xinwen/2019-11/03/content_5448158.htm.
② 北京市人民政府公报。
③ 杜栋.城市"病"，城市"体检"与城市更新的逻辑[J].城市开发，2021.

共建共治共享的社会治理格局。最后要关注空间形态的改革，同时注重内容上的创新和价值提升。

只有这样，才能在复杂多变的环境中实现高质量发展，为全面建设社会主义现代化国家提供强大动力。

浙江省在城市更新创新思维方面，通过提升城市智慧管理水平，构建完善的城市信息模型平台，开展城市更新体检评估并编制专项规划；探索有利于补充公共服务设施、基础设施、公共安全设施的容积率奖励与转移等政策，创新土地供给模式，优化产权机制；加大政府专项债券对符合条件的城市更新项目的支持力度，合规开展与政策性银行的合作，依法依规享受税收减免，并探索资产证券化等方式，有效推进了城市更新工作，增强了攻坚克难的信心，并取得了显著成效。

三、深化改革、全面优化方法措施推动工作落实

"徒善不足以为政，徒法不足以自行"出自《孟子·离娄上》，意为只有善德不足以处理国家的政务，只有法令不能使之自己发生效力。在城市更新中亦是如此，光有改革思路、方案和举措，没有强大的物质、人力等资源保障，也无法保证改革的可持续性。因此，要将纸上的美好蓝图变成现实的可观成果，要有适当的人来做，有一定的物质资源支撑，比如人手、办公场所、设备、交通工具等。也就是要将推动城市更新建设各项任务落到实处，关键要用好科学方法，提升落实质效。

新时代，面对严峻复杂的形势，我们要弘扬改革创新的精气神，强化改革思维、增强改革定力，在城市更新和经济社会发展的双战场上高举改革大旗[1]。同时，要以钉钉子精神抓改革落实，既要积极主动，更要

---

[1] 央广网.「央视快评」善于用改革的办法解决发展中问题[EB/OL].[2020-04-20].https://baijiahao.baidu.com/s?id=1664486930397589058&wfr=spider&for=pc.

扎实稳健，明确优先序，把握时度效，尽力而为、量力而行。

这意味着我们要优化城市更新的措施策略推动更新工作落实，主要可以从以下几方面进行优化：

一是发挥主导作用，制定并实施全面的年度计划管理机制，涵盖任务下达、过程跟踪和年终考核。同时，要建立多层级的组织机制，明确各级部门的职责分工，确保城市更新工作的有序进行。二是从政府主导为主向多方协同共建转变，引导业主、企业和金融机构等各方积极参与，共同推进城市更新。通过引入优质业态和产业，确保项目的可持续性。三是结合试点项目先行推动一批具有示范效应的更新项目，探索可持续的城市更新经验模式。四是根据各地城镇化阶段差异、产业发展需要、资源禀赋和经济社会发展基础，合理确定更新范围和规模，明确更新改造的必备项与拓展项，积极开展路径、政策、机制创新。

通过以上措施，可以有效推动城市更新工作的落实，促进城市的高质量发展和居民生活水平的提高。

浙江省政府高度重视未来社区建设，根据《浙江省人民政府办公厅关于全域推进未来社区建设的指导意见》，到2025年，全省将创建约1500个未来社区，覆盖全省30%左右的城市社区。到2035年，基本实现未来社区全域覆盖，使未来社区成为城市社区新建、旧改的普遍形态。此外，浙江省还通过一系列试点工作方案来指导和规范未来社区的建设。例如，《浙江省未来社区建设试点工作方案》明确了未来社区建设的试点目标定位、任务要求和措施保障，为未来社区建设的全面开展提供了有力的支持和保障。

同时，自2019年国家启动新一轮城镇老旧小区改造工作以来，截至2024年4月，浙江省已累计开工改造5550个老旧小区，惠及居民176.4万户。其中，江山市永安里小区成为浙江首个完成自主更新的老旧小区，一期项目耗时21个月，二期项目仅用28天就完成了改造。

此外，浙江省还通过多种方式补齐老旧小区公共服务短板，如盘活存量建设用地增建公共服务设施、改造利用既有建筑植入公共服务功能等。这些措施不仅提升了老旧小区的居住条件，还增强了社区的整体功能和服务水平。因此，实施城市更新有助于及时回应百姓关切、解决城市病，打造宜居、宜业、宜乐、宜游的人居环境，让老百姓感觉到更方便、更满意。

是为序。

江胜利

2024 年 10 月 15 日

前言

　　城市，作为人类文明的重要载体，一直在不断发展和演变。随着时间的推移，城市发展面临着各种挑战和机遇，城市更新成为推动城市可持续发展的重要手段。

　　近年来，城市更新呈现出一些明显的趋向，包括越来越注重城市的可持续性、以人为本、文化传承与创新、数字化治理以及多元主体参与等内容。一方面是人们对城市品质和生活质量的要求不断提高，对城市的生态环境、文化特色和社会包容性更加重视。另一方面是科技的飞速发展为城市更新带来了新的机遇和可能性，如智慧城市建设、绿色建筑技术等。

　　所以，在实践探索方面，各地纷纷开展了多样化的城市更新项目。这些项目不仅涉及老旧城区的改造和复兴，还包括城市功能的优化、产业升级、未来社区建设等多个方面。通过创新的规划理念、多元化的参与主体和可持续的发展模式，城市更新正在为城市带来新的活力和竞争力。

　　然而，城市更新并非一帆风顺，也面临着一些问题和挑战。例如，如何平衡经济发展与社会公平，如何保护历史文化遗产，如何确保更新过程中的公众参与等。这些问题需要我们深入思考和探索，以找到更加合理和有效的解决方案。

　　本书围绕深化城市更新改革项目的要求展开，分为"认识论、方法论和实践论"三个部分。其中，第一部分基于"需求的重要性"即聚焦上级部署和聚焦发展所需、群众所盼，重新认识"城市更新"的内涵，明确城市更新并非简单的项目建设。同时分析旧观念影响下产生的城市规划、建设、管理问题，新阶段城市转型情况下需要重构城市更新的核心价值理念，并提出新阶段城市更新应坚持的原则以及城市更新的重要意义。

第二部分是从"改革的系统性"和"内容的创新性"探索城市更新的方法论。按照"谁来做""怎么做"的系统思维模式，分别探索城市更新的主体、城市发展的驱动力、政策制度以及城市发展的路径。方法论主要强调新时期的城市更新模式已从传统的政府主导模式转变为多元主体协同，城市更新多元主体协同能实现各主体利益的合理分配；利用经济、文化、社会、科技等驱动力，突出城市更新注重产业支撑、人居环境、社会保障、生活方式等方面的转型升级；强调推动城市更新由偏重数量规模增加向注重集约、智能、绿色、低碳的质量内涵提升转变需要的政策制度保障[①]；从注重"留改拆"到关注城市"微更新"再到强调"点、线、面"结合的系统思路展开，在尊重城市发展规律的同时，加快实施城市更新行动。

第三部分主要突出的是城市更新的"成效显著性"和"成果示范性"。通过引用国内外的典型经验和做法，为城市更新的理论研究和实践提供参考。同时，分析当前城市更新存在的问题，并提出相应的对策，总结城市更新的实践经验，再以浙江省实施城市更新行动的整体成效为例，强调实施城市更新行动后的成效。

最后，结合前文对城市更新的认识、方法和实践，指出城市更新的未来趋势将更加注重以人为本的发展理念，推动低碳化转型，利用数字化技术提升治理水平，并重视文化传承与创新，以实现城市的可持续发展和高品质生活。我们希望本书能够引发更多关于城市更新的思考和讨

---

① 赵峥，王炳文.城市更新中的多元参与：现实价值，主要挑战与对策建议[J].重庆理工大学学报（社会科学），2021，35（10）：9-15.

论，促进城市更新的健康发展，为人们创造更加美好的城市生活。

本书由江胜利著，感谢参与本研究的所有同仁，包括浙江省建筑设计研究院吴昕、吴磊、吴雨桐，浙江省建筑科学设计研究院蒋纹、周萌强、厉兴、邓媛祺、李田禾，浙江省长三角标准技术研究院邓铭庭、陈佩君、廖江梅，泛城设计股份有限公司王贵美、王光辉等人，他们的辛勤工作和无私分享使得本研究得以顺利进行。

目录

第二部分　城市更新的方法论

15

Part 1

第一部分

城市更新的
认识论

我国新时期的城市更新行动由地方实践探索先行，最早于2009年深圳结合以往"城中村改造"和"旧工业区改造"的工作经验开始，率先提出"城市更新"概念。2013年12月，在中央城镇化工作会议上第一次提出城市建设要"望得见山、看得见水、记得住乡愁"。2014年颁布的《国家新型城镇化规划（2014—2020年）》正式提出城市发展方式转为以提质为主，以人为本、四化同步、优化布局、生态文明、文化传承的中国特色新型城镇化道路成为实施路径。2015年10月，习近平总书记在党的十八届五中全会上提出创新、协调、绿色、开放、共享的新发展理念，并指出新发展理念符合我国国情，顺应时代要求，对破解发展难题、增强发展动力、厚植发展优势具有重大指导意义。同年12月，习近平总书记在中央城市工作会议上指出，要把创造优良人居环境作为中心目标；要加快老旧小区改造；完善基础设施，提升建筑品质……让人民群众在城市生活得更方便、更舒心、更美好。另外，会议提出"城市双修"的理念和要推动城市发展由外延扩张式向内涵提升式转变。2017年，党的十九大报告做出"我国社会主要矛盾已转化"的重大论断，"以人民为中心"成为城市高质量发展的关键词①。2019年12月，在中央经济工作会议上提出"加强城市更新和存量住房改造提升"，明确城市更新并非简单的拆迁重建，而

---

① 阳建强.新发展阶段城市更新的基本特征与规划建议[J].国家治理，2021(47)：17-22.

是对城市空间、功能、设施等方面的综合性改造。2020年7月，颁发《国务院办公厅关于全面推进城镇老旧小区改造工作的指导意见》(国办发〔2020〕23号)，进一步落实与部署老旧小区改造，高度重视提升人民群众的生活质量。2021年3月，《中华人民共和国国民经济和社会发展第十四个五年规划和2035年远景目标纲要》明确提出"实施城市更新行动"，其重要性提到了前所未有的高度。2021年3月，"城市更新"被写入《2021年政府工作报告》，推动城市更新从点到面再面向全国逐步铺开。2022年，党的二十大报告强调"实施城市更新行动，加强城市基础设施建设，打造宜居、韧性、智慧城市"。2024年全国两会上，国务院总理李强再次强调要稳步实施城市更新行动，打造宜居、韧性、智慧城市。2024年7月，党的二十届三中全会强调，坚持人民城市人民建，人民城市为人民。深化城市建设、运营、治理体制改革，加快转变城市发展方式。全面提高城乡规划、建设、治理融合水平。为城市更新指明了方向，提出了更高的要求。

"城市更新行动"的启动，标志着我国城市建设步入了适应新时代需求、注重文化传承、满足人民期望的新阶段。这一行动意味着城市建设从"粗放式发展"转向"精细化运营"，从"有没有"向"好不好"转变，是实现城市发展方式转变的重大改革，也是城市建设方式转型的重大改革。

第一章 城市更新的"新内涵"

时代在变迁，社会在发展。如今，中国城镇化走出了世界城市发展的独特路径，改革开放释放的巨大动能作用在城镇发展和建设过程中，促使城市更新的概念逐渐深入人心。然而，许多人对城市更新的理解仍然停留在简单的项目建设层面，认为它就是对城市基础设施和建筑进行翻新、改造。实际上，城市更新是一种城市发展策略，主要针对城市中已经不适应现代化城市社会生活的地区进行必要的、有计划的改建活动[①]。目前城市更新的内涵已经扩展到城市结构、产业结构等的更新和升级等多方面内容。不仅致力于满足日益增长的城市生活需求和社会经济发展要求，并对现有城市环境发展进行全面升级，还从把城市作为有机生命体，树立"全周期管理"意识等角度来延伸和扩展城市更新的"新内涵"。

一、城市更新不等同于简单的项目建设

（一）从更新范围来看，城市更新更广泛

随着我国城镇化进程的不断推进，城市更新的内涵也在不断丰富、外延、迭代。从最初的"棚户区改造"（棚改），到后来的"老旧小区改造"（旧

[①] 佚名.华东建筑集团股份有限公司 顺应经济发展新常态 打造城市更新新动能[J].中国勘察设计，2020(2)：1.

改)、"城市新区开发建设"（新区开发），再到现在的"城市更新"，其内涵已经从单纯的物质形态改造扩展到了更广泛的领域，包括城市结构、功能体系、产业结构、人居环境等多种形态的改造。

棚户区改造旨在解决我国城镇历史遗留的集中成片危旧住房、破房烂院等问题。此类区域往往公共设施不完善，消防出行及生产生活安全隐患严重。棚户区改造项目包括城市棚户区改造、城中村改造，以及位于城市棚户区改造范围内的国有工矿棚户区改造等，核心策略为拆除重建[①]。

老旧小区改造（旧改）主要针对早期建成、失修失管、设施不完善、服务不健全且居民改造意愿强烈的住宅小区。改造内容主要包括基础设施修缮、更新改造及公共服务设施配建，如水电、路、气、通信、垃圾分类等。以保留和改造为主，不涉及拆除、搬迁、土地开发或改变使用功能和权属。实施模式采用"政府引导、市场运作、公众参与"，由政府、居民和社会力量共同承担。

新区开发是由政府主导，在原有城市郊区的一定区域空间内，有目的并满足一定城市功能要求进行的开发。一方面，解决经济快速发展、城市化加快导致的发展空间不足、环境质量下降、矛盾突出等"大城市病"问题；另一方面，发挥城市新区经济功能，促进母城与新区空间优化、产业结构调整，培育新的经济增长极，带动周边地区经济、社会、文化均衡发展。

在2021中国城市有机更新与消费场景营造大会上，中国人民大学国家发展与战略研究院城市更新研究中心主任、住房和城乡建设部政策研究中心原主任秦虹提出"城市更新不是房地产开发，它也不同于我们过去的旧城改造"的观点。因此，城市更新与前三者不同，其内涵更为广泛，实施范围不再局限于棚户区、老旧小区等住宅建筑，更是进一步延伸到了旧工业区、旧商业区、旧住宅区、城中村及旧屋村等各种城市建成区。通过坚持"留改

---

① 陈国泳.我国城市棚户区改造存在的问题及对策建议——借鉴深圳地区经验浅析[J].住宅与房地产，2022（24）：18-23.

拆"并举的方式，实现城市空间结构的重新布局，土地资源的重新开发，经济利益的重新分配和区域功能的重新塑造[①]。同时，需要综合考虑经济、社会、环境等多个方面的因素，并不是简单地以拆旧建新为目标，而是需要综合采取多种措施，促进城市的可持续发展。

（二）从更新方向来看，城市更新更清晰

在新的历史时期，既不能简单套用大拆大建模式搞"大变样"，也不能一味"留小留低"搞"小修小补"，应坚持从实际出发并以严控大拆大建、鼓励微改造作为现阶段城市更新的重要原则。同时，将大力推进基于数字化、网络化、智能化的新型城市基础设施建设，让城市更"智慧"。此外，城市更新始终贯彻生态文明理念，以实现高质量发展为总基调，在城市工作中引入"治理"理念，成为转变经济增长和城市规划建设方式的重要方向，城市治理作为"推进国家治理体系和治理能力现代化"的关键内容，日益得到重视。

党的十九届五中全会提出"实施城市更新行动"的重要决策部署，城市更新必须在政府、社会、市场多元利益共存状态下，通过新治理体系的建构实现有效协同和共享。城市设计作为一种实现空间资源组合优化的方法，有助于提升城市空间的价值。

住房和城乡建设部党组书记、部长倪虹指出，城市更新是城镇化发展的必然阶段，推进城市更新的关键是找准问题和有效解决问题。要坚持城市体检先行，一方面从问题导向出发，划细城市体检单元，查找群众身边的急难愁盼问题，根据城市发展的实际情况和需求，确定哪些区域需要优先更新，哪些区域可以稍后进行[②]。同时，要考虑城市空间布局的合理性，将更新重点放在城市中心区域、重要交通节点和重要公共设施周边等关键部位，

---

① 雷鸣.城市综合体对城市空间规划发展的影响研究[D].南昌：南昌航空大学，2014.

② 倪虹.新时代城市工作者的使命与担当[J].中国勘察设计，2023（10）：8-11.

以提高城市整体品质和竞争力。

另一方面从目标导向出发，查找影响城市竞争力、承载力和可持续发展的短板，不仅要关注重点区域的更新，还要注重线状设施的完善和改造，同时，还需要关注城市面状区域的更新。

此外，政府部门需要加强对城市更新的顶层设计，完善相关政策法规，提供必要的支持和保障，引导市场承担社会责任并积极参与，确保城市更新工作的有序推进。同时，城市规划师和建筑师要创新设计理念，充分考虑环境保护和生态平衡。在改造过程中尽量降低对环境的影响，合理利用土地资源，减少土地浪费。还要加强绿色建筑和生态保护技术的运用，促进节能减排、低碳环保，为城市可持续发展提供有力支撑。

（三）从统筹规划来看，城市更新更全面

当前，我国许多城市普遍存在着专项规划缺位、专项规划空间属性缺失、专项规划系统不全等问题。为了促进城市公共资源的系统调配，提高城市管理的效率，应重视专项规划的统筹协调工作。为此，从空间治理的视角，将城市要素分为"生态""功能"和"安全"三大系统。其中，"生态"是"安全"的支撑，"安全"保障"功能"的发展，"功能"又带动"生态"和"安全"，三者之间相互联系，密不可分，也正是这种联系促使区域内彼此分离的城市结合为具有特定结构和功能的有机整体。

同时，城市更新的整体规划包含了涉及城市发展的政治、经济、社会、文化的各个领域，但城市更新的整体规划并非将其简单地汇集，其核心是抓住影响城市发展的关键要素，目的是明确城市系统规划的要素和功能。

关于现代城市的功能和文化角色，城市规划学者强调了城市的多重功能，其中包括居住、游憩、生产、交通和其他方面等。这些功能不仅是城市居民生活的基础，也是城市发展和社会进步的重要支柱。

其中，居住功能是城市的基本功能之一。城市为居民提供了各种住宅选择，从繁忙的市中心到安静的住宅区，不同类型的居住区域为居民提供了

各种生活方式和社区环境。

工作功能是现代城市的经济引擎。城市集中了各类产业和服务业，提供了大量的就业机会，吸引了人才和资本的聚集。工作功能不仅包括传统的办公楼和工业园区，还涉及现代科技和创新产业的孵化和发展。

游憩功能是城市生活质量的重要组成部分。现代城市通过公园、广场、文化设施等公共空间，为居民提供休闲娱乐的场所，促进社区活动和文化交流。

交通功能是连接城市各个部分和外部世界的重要纽带。现代城市依靠高效的交通网络，包括道路、公共交通系统和航空港口，确保人员和货物的流动，促进城市的经济活力和社会发展。

其他功能是指除这些基本功能外，强调城市作为"文化的容器"的角色。城市不仅是经济和居住的空间，还承载了丰富的文化遗产和多样的文化表达。文化设施如博物馆、剧院、艺术中心等不仅丰富了居民的文化生活，也成为城市形象和吸引力的重要标志。

综上所述，现代城市不仅具有居住、工作、游憩和交通等多重功能，还承载着丰富的文化内涵。城市规划和发展需要综合考虑这些功能的互动和平衡，以实现城市的可持续发展和居民的高品质生活。

（四）从综合效益来看，城市更新更显著

当前，我国城市化已经从高速增长向中高速增长转变，以调整完善城市内部结构和功能，盘活和优化存量为主要特征的城市更新正成为城市空间增长的新常态。国内各地的城市更新已从过去的注重物质层面的拆旧建新过渡到以功能环境重塑、产业重构、历史文化传承、社会民生改善、生态建设为中心的有机更新阶段。

一方面，城市更新致力于调整和优化城市内部结构，盘活存量资源，提升城市空间的利用效率。这包括对老旧城区、城中村、厂区等区域的更新改造，以满足城市居民日益增长的美好生活需要。另一方面，城市更新

注重生态环境的保护和改善，提倡绿色、低碳、智能化的城市发展模式，从而实现城市可持续发展。

在这个过程中，我国各地的城市更新实践已经取得了显著的成果。例如，一些城市通过城市更新，提升了城市品质，吸引了更多人才和投资，促进了经济发展。另一些城市在保护历史文化底蕴的同时，对老旧厂区进行创新性改造，使其成为文化创意产业的新地标，提升了城市形象和活力。

同济大学建筑与城市规划学院教授、同济大学国家现代化研究院城市更新中心主任徐磊认为："城市更新不是简单的拆建，其核心是产业结构的升级与城市的发展进化。"

因此，城市更新不是单一的项目建设，而是一项整体性、系统性、综合性的工程建设。城市更新需要统筹谋划，不能搞"一刀切"。需要从城市发展的全局出发，统筹谋划，充分调动各方面积极性，推进城市整体有机更新。要更加注重城市更新的社会效益和经济效益的平衡，通过提高居民生活质量，促进经济发展和社会进步，而非直接关注项目本身的完成和直接效益。

总之，我国城市更新已进入有机更新的新阶段，既是挑战也是机遇。只有立足于人民的需求，坚持生态、文化、社会、经济等多方面的协调发展，才能让城市焕发新的活力，为全体市民创造更美好的生活环境。在今后的城市更新实践中，各级政府、企业单位和广大市民须共同努力，为建设宜居、宜业、宜游的现代化城市贡献力量。

二、城市更新是推动城市发展转型的关键引擎

党的二十大报告强调，坚持人民城市人民建、人民城市为人民，提高城市规划、建设和治理水平，加快转变超大特大城市发展方式，实施城市更新行动，打造宜居、韧性、智慧城市。城市更新是城市发展由"增量扩张"向"存量提质"转变的必然选择，是实现城市内涵式提升和高质量发展的关

键途径，是更好满足城市居民美好生活需要的内在要求[①]。

目前，我国城市已经进入了存量为主的发展阶段，城市发展从外延扩张向内涵提质增效转变。习近平总书记指出，加快构建以国内大循环为主体、国内国际双循环相互促进的新发展格局。这就要求城市要逐步转变原有的粗放发展模式，向集约高效发展。改革开放以来，我国经历了大规模的城镇化进程。国家统计局数据显示，截至2023年底，我国城镇化率已经达到66.16%，城镇常住人口高达9.3亿人，城市的综合承载能力稳步提升，城市成为人口集聚的主要空间。

随着城镇化进程加快，城市更新已是城市新发展阶段的必然选择，并正在成为破解城市问题和推动城市高质量发展的重要手段。同时，也区别于过去扩张式城市发展模式，产生以下四个方面的贡献[②]。

一是实现城市内涵式发展，需在存量中挖掘增量。城市更新非扩张式发展，而是在现有土地上寻求增长。其增量体现在两方面：一是建筑层面，如从低层建筑至十层建筑的升级；二是经济和社会效益的增量层面。在不占用农村土地和耕地的前提下，城市更新促进经济增长、增加就业、丰富消费和提高政府税收，实现存量中的增量增长，推动城市内涵式发展。

二是实现城市低成本高质量发展，需在效率中寻求效益。相较于新区开发所需的大量投入，城市更新能充分利用现有成熟配套设施，降低空置率，增加有效使用面积，引入高产出产业，吸引更多消费人群，进而促进地方经济增长。因此，城市更新依托核心区位的完善配套、人口人才密度、商圈基础和市场规模等优势，实现高效率、低成本的高质量发展。

三是实现城市功能环境全面提升，需在传承中推动变革。高水平的城市更新应传承城市的历史文脉和文化，将传统建筑与现代产业、需求相结合，在保留城市乡愁韵味和文化的同时，提升城市功能和环境品质，为城市

---

① 任荣荣.城市更新：已有进展，待破解难题及政策建议[J].上海城市管理，2023，32（4）：2-8.

② 秦虹.城市更新：城市发展的新机遇[J].中国勘察设计，2020（8）：20-27.

带来积极变化。发达国家在后期的城市更新中注重保护城市肌理，保持街道和建筑框架不变，仅需改变内部功能和装饰，就能凸显城市特色。

四是实现城市发展的新旧动能转换，需在创新中寻求发展。城市扩张式发展相对容易，而旧城区和旧建筑的更新则需要更多创新。例如，将传统办公楼更新为现代科技含量高的办公楼，融入办公、生活、文化、绿色、健康等理念，吸引高端研发、金融、高科技企业入驻，推动城市产业结构升级，实现新旧动能转换。

城市更新是城市发展转型的重要驱动力量。通过全面、深入的城市更新，实现空间布局优化、品质提升、创新发展等多方面的转型，为城市可持续发展奠定坚实基础。因此，应深刻认识城市更新的重要性，并加强城市更新的规划与实施，推动城市发展转型，为建设美好城市贡献力量。

三、城市更新是基于现状发展的永恒主题

国务院总理李强在第十四届全国人民代表大会第二次会议作政府工作报告时强调：2023年，我国人均GDP达1.27万美元，已步入服务业主导的消费城市时代。

在消费城市建设的热潮之下，城市更新面临着四个方面的问题。

一是我国都市圈内部空间形态对中心城市消费功能的发挥产生影响。传统规划思路着重于防止城市无序扩张，结果导致城市间连通性不足，职住、住游分离。轨道交通沿线未得到充分开发，中心城市在消费集聚、配置和引领方面的功能因而受限。

二是在城市更新过程中，对密度的重要性认识不足。长期担忧人口密度提升所带来的负面影响，倾向于降低人口密度和疏散人口。然而，以服务业为主的消费中心城市需适度提高人口密度，以增强消费活力和服务业的发展。

三是中心城区用地结构失衡导致消费活力降低。地方政府更倾向于提

供商服用地，从而导致商住用地价格倒挂和人口密度下降。适度提升中心城区人口密度有助于释放消费活力。

四是对线上消费、线下体验感和多样性的重视不足。线上消费为线下注入新活力，同时，线下多样性是实现"在地消费"的关键。然而，我国消费型城市服务业多样性不足，部分原因在于政府主导的城市更新过程中牺牲了多样性。

这些问题不仅影响了城市的整体形象，也制约了城市的发展。因此，城市更新是适应城市发展现状的必然选择。

在推动新阶段消费型城市建设时，应注重以下四个方面。

一是构建"八爪鱼"式都市圈，强化消费一体化。规划人口土地，构建通勤游憩圈；突破行政边界，转变空间布局；依托交通网络，发挥人口密度积极作用。

二是老城更新与新城提质双驱动。以人为本，产城融合提升能级；融入TOD模式，打造"轨道城市"；加强保障房布局，放宽建筑容积率管制；提升公共服务，增加路网密度。

三是精细化管理城市规划，提升消费包容力。建设"15分钟生活圈"，优化第三空间；混合利用土地，增加文化体育功能；改造老旧街区与城中村，开放公共部门大院。

四是线上赋能与线下体验结合。发挥线上优势赋能线下，创新商业模式；增加线下体验空间，打造社交共享空间和消费新场景；推广开放式街区开发，打造情景式消费街区。

此外，城市规划和建设中要高度重视历史文化保护，不急功近利，不大拆大建。要突出地方特色，注重人居环境改善，更多采用微改造这种"绣花"功夫，注重文明传承、文化延续，让城市留下记忆，让人们记住乡愁。同时，还应深入贯彻落实《住房和城乡建设部关于在实施城市更新行动中防止大拆大建问题的通知》（建科〔2021〕63号），从存量建筑保留、区域整体承载力、居民安置到住房保障体系等方面，丰富了防止大拆大建的内涵。同时也要防止沿用过度房地产化的开发建设方式,片面追求规模扩张带来的短期效益和经济利益,应探索可持续的城市更新模式。通知中还提到了4项定量指标,包含原则上城市更新单元(片区)或项目内拆除建筑面积不应大于现状总建筑面积的20%,拆建比不应大于2,居民就地、就近安置率不宜低于50%,城市住房租金年度涨幅不超过5%等,为相关监管提供了更为清晰、严格的量化指标。

总之,城市更新,不能为了新而新。比如,随意拆除老建筑、搬迁居民、砍伐老树,无疑是变相抬高房价,增加生活成本,降低生活品质。所以,城市更新应守住"更新"本义,通过城市更新,可以推动城市实现可持续发展,提高城市品质,满足人民群众对美好生活的期待。在这一过程中,需要以人为本,关注民生,优化产业结构,推进生态文明建设,不断探索适应新时代的城市发展路径。

四、城市更新是城市生命有机体的重要特征 013

习近平总书记强调,城市是生命体、有机体,要敬畏城市、善待城市,树立"全周期管理"意识,努力探索超大城市现代化治理新路子。

"全周期管理"又称"全生命周期管理",是西方工业化社会向后工业化社会转型时期一种先进的管理理念和管理方式,它以系统论、控制论、信息科学、协同论、自组织理论等为基础,强调企业产品管理应尊重产品的整个"生命过程"和运行规律,注重建构从需求、规划、设计、生产、经销、运行、使用、后期服务到回收再处置等一整套过程管理体系[1]。"全周期管理"更加注重管理的系统化、协同化、动态化、精准化,将"全周期管理"理念引入超大城市社会风险治理,既是一项理论创新,也是一项具有重要意义的

---

[1] 司海燕.以"全周期管理"思维推进城市治理[J].世纪桥,2021(5):71-74.

实践探索[①]。

在存量时代，城市更新与城市复兴项目、增量开发项目在规划、土地、资金、运营等方面存在较大差异，面临更多的难题。为实现城市发展的战略目标，需要遵循"将全生命周期管理理念贯穿城市规划、建设、管理全过程各环节"的要求，构建健全的城市运营机制，确保城市发展愿景得以落实，切实提升城市品质，不断改善人民生活水平。

把城市看作一个有机生命体，这是对城市发展的一种深度解读，从生命科学的视角看待城市的形成、发展以及与周边环境的相互作用。

首先，城市的发展是具有生命周期的，就像生命有机体一样。城市在初创阶段，如同幼苗破土而出，生机勃勃，但同时也面临着各种挑战和机遇。随着城市的成长，各种要素如人口、经济、文化、环境等逐渐汇聚，形成一个复杂而独特的生态系统。城市如同生命体一样，在不断地自我更新和演变。

其次，城市的组织和结构也与有机生命体有着惊人的相似之处。城市中各种要素之间存在着复杂的相互作用和关联，就像生命体的各个器官、组织、系统之间相互依存、协同工作一样。城市的交通、能源、供水、废物处理等基础设施就像生命体的血管、呼吸系统、消化系统等一样，为城市的运转提供必要的支持。

再次，城市与有机生命体一样，需要面对外界环境的影响和挑战。城市的生态环境、经济环境、政策环境等都对其发展产生重要影响。城市就像生命体一样，需要在不断适应和应对各种环境变化的过程中，实现自身的可持续发展。

最后，从更广泛的意义上来说，把城市看作一个有机生命体，有助于从整体的角度看待城市的发展问题。需要关注城市的各个方面，包括人口、

---

① 王健.树立"全周期管理"意识　探索超大城市社会风险治理的新路径[J].理论与现代化，2020（5）：121-128.

经济、环境、文化等，以及它们之间的相互关系。同时，也需要认识到城市的复杂性和多元性，尊重其独特性和差异性。这有助于我们制定更加科学合理的城市发展政策，促进城市的健康、可持续发展。

综上所述，把城市看作一个有机生命体，有助于从全新的角度理解城市的本质和特点，更好地应对城市发展过程中的各种挑战和问题。这不仅有助于制定更加科学合理的城市发展政策，也有助于提升公众对城市发展的认识和理解，共同为建设更加美好、宜居的城市贡献力量。

第二章　城市更新的核心价值理念

新时代新阶段的发展必须贯彻新发展理念，必须是高质量发展。党的十八届五中全会提出创新、协调、绿色、开放、共享的新发展理念，多年来，城市更新面临配套政策、机制和模式不健全等挑战，各地以新发展理念为指导，注重城市内涵和功能提升，将新发展理念融入城市更新工作的方方面面。

城市更新理念是指导实践的核心和灵魂。同时作为一种旨在改善城市环境、提升城市品质和促进经济发展的手段，已经取得了显著的成果。但在过去的实践中，我们发现，城市更新过程中存在一些问题，如过度关注经济增长、忽视生态环境保护、忽略民生需求等。为此，我们需要转变城市更新的理念，从规模扩张转向存量提质，探索城市发展的核心价值，构建多维度多层次要素格局，以更好地推动城市可持续发展。

一、旧观念难以适应新阶段

随着城市化的加速，中国城市面临着社会经济转型的挑战，这要求城市更新必须适应新的发展需求。旧城更新过程中存在的深层次问题，如与城市可持续发展、城市特色、城市活力和社会和谐的关系不明确，这表明需要从多视角重新审视旧城区在城市发展中的地位与价值。同时，从前文中城市更新不等同于简单的项目建设可以得出，传统的城市更新方式主要以拆除重建、更新后销售和重资产运营为主，这种方式已经难以满足现代城市发展的需求。新时代的城市更新需要顺应城市产业功能的迭代升级，匹配更适应的空间环境，以促进新产业的发展。

（一）旧观念影响下的城市规划问题

一是早期建设规划缺位，老城区问题集中。在城市化进程中，对城市的未来发展并没有进行系统和全面的规划。缺乏长远的城市发展愿景和整体布局规划，可能导致城市内部结构混乱，功能区域未能明确划分，交通、公共设施等基础设施未能有效配置，从而增加了后续规划调整和城市更新的困难度及成本。而老城区通常具有复杂的土地所有权结构、密集的人口聚集、历史文化遗产和旧建筑的保护需求等特点，这些都需要精细化的规划和管理。然而，旧观念的城市规划往往忽视了对老城区的合理更新和改造，导致老城区内部的基础设施老化、环境质量下降，以及社会经济发展面临着种种挑战。

二是存量建设空间管控要求不明确。城市的可持续发展需要通过严格的空间利用与管控来平衡不同需求，如居住、商业、公共设施等。然而，旧观念的城市规划可能存在管控要求不清晰、执行力度不足的问题，导致城市中存在大量未规划、未控制的建设行为，从而增加了城市资源浪费、环境压力和市政管理成本。

（二）旧观念影响下的城市建设问题

一是建设环节统筹推进不足。各个建设环节之间缺乏有效的沟通和协同，导致基础设施建设、居住区规划、商业配套等方面可能存在不协调现象。这种不统筹的建设方式容易造成资源浪费、效率低下，甚至可能影响城市未来的可持续发展。

二是民生保障与底线安全距离高质量发展仍有缺口。传统城市规划下，民生保障和基础设施建设未能与高质量发展同步推进。一些地区的公共服务

017

设施、教育医疗资源等未能有效覆盖,与城市发展的高质量标准存在明显差距。这种情况不仅影响居民生活质量,也制约了城市整体竞争力和可持续发展的能力。

三是低效产业空间面临活力缺失的难题。在旧观念影响下,城市产业空间往往布局单一、结构僵化,未能有效适应经济结构调整和新兴产业的发展需求。这种情况导致一些低效率、高能耗的传统产业面临活力丧失的风险,同时也阻碍了新兴产业的健康成长,影响城市经济的创新力和竞争力。

四是历史文化保护与城市发展存在一定的矛盾。城市发展中的历史文化保护往往面临现代化建设的冲突。一方面,城市的历史文化遗产是城市形象和文化记忆的重要组成部分,需要得到有效保护和传承;另一方面,现代城市发展需要土地资源的有效利用和更新换代。旧观念的城市规划未能有效解决这些矛盾,导致一些文化遗产的破坏和城市发展形象的削弱。

(三)旧观念影响下的城市管理问题

一是城市治理数字化改革尚需深入推进。一方面,尽管近年来城市治理数字化改革取得了一些进展,但在许多城市,数字基础设施仍然不完善。数据孤岛、信息不对称等问题普遍存在,导致各部门之间的协作效率低下;另一方面,数据安全和隐私保护成为新的挑战,城市管理者对数字化带来的数据泄露风险持有较大的担忧。

二是现行土地政策与存量发展不适配。主要包括现行土地政策往往过于僵化,缺乏灵活性,无法适应城市更新过程中对于土地使用功能调整的需求;很多城市的土地供应政策过于偏重新增建设用地,而忽视存量土地的挖掘和再利用,以及利益机制不健全、缺乏长远规划等问题,都是影响城市管理和项目推进的重要因素。

二、新阶段城市转型的需要

城市更新转型是在新时代背景下，为了推动城市可持续发展和提升居民生活质量而必须进行的重要举措。本部分内容将从城镇化转型的需要、城市规划转型的需要、开发方式转型的需要和建设发展转型的需要等角度来认识城市更新转型不仅仅是简单的建设更新，更是全面优化城市结构、提升城市功能、提高居民生活质量的系统工程。通过各个方面的转型和改革，可以实现城市更新的长远可持续发展目标。

（一）城镇化转型的需要

城镇化是衡量一个地区经济社会发展水平的重要标志，是实现现代化的必由之路。自改革开放以来城镇化率长期保持年均增长1%左右，2011年我国城镇化率首次超过了50%，进入城镇化的高速发展阶段。我国的城镇数量增加，城镇规模扩大，城镇社会事业和公共服务水平持续提高；城镇化与工业化关系更加密切，城镇居民收入水平与消费结构不断提高。党的十八大以后，习近平总书记深刻地指明了中国放弃老路，走新路的历史必要性，粗放扩张、人地失衡、举债度日、破坏环境的老路不能再走了，也走不通了。如果城镇化目标正确、方向对头，能走出一条新路，将有利于释放内需巨大潜力，有利于提高劳动生产率，有利于破解城乡二元结构，有利于促进社会公平和共同富裕，而且世界经济和生态环境也将从中受益[①]。

2013年的中央城镇化工作会议，习近平总书记首次系统提出以人为核心的新型城镇化理念，明确了推进城镇化的指导思想、主要目标、基本原则、重点任务，指明了城镇化工作新方向，开启了我国新型城镇化的新篇

---

① 何一民，何永之.中国式城镇化：从传统城市化向新型城镇化转型的理论探索与实践创新[J].西华大学学报（哲学社会科学版），2024，43（1）：1-10.

章。2015年召开的中央城市工作会议，是改革开放后第一次中央城市工作会议。习近平总书记详细分析了城市发展面临的形势，明确了做好城市工作的指导思想、总体思路、具体部署，明确提出了做好城市工作的系列要求，为城市发展提供了根本遵循。

2017年党的十九大召开，习近平总书记在报告中深入阐述了新型城镇化的新要求、新方向，提出了"人民城市"重要理念，把人民生命安全和身体健康作为城市发展的基础目标。

2022年，中国共产党第二十次全国代表大会召开。当前中国城市发展面临的挑战与机遇并存，亟须转变城市发展方式，城镇化要从以发展速度为主转变为以提升质量为主。这就为新时期新型城镇化进一步发展指明了基本方向。同时，在党的二十大报告中，明确提出了"坚持人民城市人民建、人民城市为人民"的发展理念。这一理念彰显了党在新时代城市建设和发展中的根本立场和价值取向，体现了对人民群众生活品质的深切关注和不断追求。

传统的城市更新模式往往只关注经济增长和物质建设，而忽略了市民的生活需求和幸福感。然而，随着城市化的推进，市民对于生活品质、环境质量、社区文化等方面的需求越来越高。当前，我国城镇化建设进入新阶段，深入推进以人为核心的城镇化，使城市更健康、更安全、更宜居，成为人民群众高品质生活的空间，是满足人民对美好生活需要的题中应有之义。从"城市让生活更美好"到"把最好的资源留给人民"；从老旧小区改造项目解决的急难愁盼，到社区公共空间改造带来的欢声笑语；从口袋公园里的人文关怀，到"15分钟社区生活圈"里的高品质生活，"城市属于人民"的深刻内涵在一件件民生实事中得到生动诠释[①]。

此外，还应解决群众最关心、最直接、最现实的利益问题，实现学有所教、劳有所得、病有所医、老有所养、住有所居，解民忧、惠民生、暖

---

① 牛磊.全面践行人民城市理念[J].党课参考，2024（2）：62-77.

民心。聚焦"一老一幼"，推进民生实事工程；关心困难群体，让城市温暖普照每个家庭。突出宜居安居，让新市民和建设者能安居乐业，展现人民城市的温度。

"凡治国之道，必先富民。"经济发展是城市建设的核心与民生幸福的基石。城市集聚发展要素，需求强烈，动力强劲，前景广阔。以人民为中心的城市建设，应紧抓经济建设，提升经济质量，实现合理增长，夯实民生基础，创造高品质生活。同时，推动城乡、产城、区域融合，实现均衡发展，让全体人民共享发展成果，感受城市的强大力量。

此外，城镇化转型还应当体现区域协调发展理念。不同地区、不同城市具有不同的特点和发展诉求，城市更新不应一刀切、千城一面，而应因地制宜、分类指导。对于大城市地区，可以侧重于优化城市布局和功能；对于中小城镇，则应注重特色化发展，彰显各自独特魅力。

无论如何，城市更新的城镇化转型必将是一个系统工程，需要多方参与、长期坚持。转型过程中还应重视生态保护、传统文化保护等因素，真正实现城乡统筹、经济社会协调可持续发展。只有转型思维观念，转型工作方式，转型发展模式，城市更新的城镇化转型才能取得实实在在的成效。

（二）城市规划转型的需要

在快速发展的社会经济与深入推进的城镇化建设背景下，人们对于城市规划问题的关注也在不断上升。改革开放40多年来，中国规划工作的成绩有目共睹：各级政府认识到规划带给城市的积极影响因而给予支持并寄予厚望；市场借助于规划——城市面貌得以更新、基础设施得以获利；社会也看到规划的成果一经提升，社区环境就有所改善[1]。

然而，随着城市化进程的加速，城市发展中出现的一些问题也日益凸显：模式的扩张、空间资源的浪费、碎片化管理导致的公共服务效能低下

---

[1] 张庭伟.规划的初心，使命及安身[J].城市规划，2019，43（2）：9-13.

等。这些矛盾与问题的出现，制约了城市国民经济的健康可持续发展。

2013年，中央城镇化工作会议要求地方从实际出发，推进规划体制改革，加快规划立法工作，创造性开展建设和管理工作。并在《国家新型城镇化规划（2014—2020年）》中提出，保持城市规划权威性、严肃性和连续性，坚持一本规划、一张蓝图持之以恒加以落实，防止换一届领导改一次规划。在《生态文明体制改革总体方案》中指出：空间规划是国家空间发展的指南、可持续发展的空间蓝图，是各类开发建设活动的基本依据。2014年，中央全面深化改革工作部署中明确要求开展市县经济社会发展规划、土地利用规划、城乡发展规划、生态环境保护规划等"多规合一"试点。2014年，国家发展改革委等四部委联合发布《关于开展市县多规合一试点工作的通知》（发改规划〔2014〕1971号），要求开展市县空间规划改革试点，推动经济社会发展规划、城乡规划、土地利用规划、生态环境保护规划"多规合一"，形成一个市县"一本规划""一张蓝图"。

住房和城乡建设部下发《关于城市总体规划编制试点的指导意见》，突出战略引领和刚性管控，强调空间管控的全域性和传导机制的设计，提出了一系列配套措施。印发《自然资源部关于做好城镇开发边界管理的通知（试行）》（自然资发〔2023〕193号，以下简称《通知》），要求坚决维护"三区三线"划定成果的严肃性和权威性，推动城镇开发边界划定成果精准落地实施，统筹做好规划城镇建设用地安排，严格规范城镇开发边界的全周期管理。

因此，规划改革必须立足于可持续发展、高质量发展和高效率发展，坚持节约资源和保护环境基本国策，维护空间开发利用的社会整体利益，通过刚性政策边界的划定，统筹城市的空间布局和建设发展，并在不断的实践过程中提升规划的科学性和系统性。

一方面划定城镇开发边界，有助于防止城镇无序蔓延、促进城镇高质量发展。比如，北京按照"一年一体检、五年一评估"的要求，将实施情况作为评价总体规划实施工作的重要内容之一，定期跟踪研判，使城镇开发边界成为北京城市总体规划高水平实施的重要抓手。

另一方面加强对城镇开发边界实施监督、评估、考核、执法等的全周期管理。比如，浙江省杭州市智治空间，构建城镇开发边界内2210平方公里实景三维底图，搭建规划编制、耕地保护、土地利用、地灾防治、不动产登记五大协同应用通道，开发统一地址库、亚运在线等106个应用，为全市65个部门提供在线服务。

（三）开发方式转型的需要

一是财务策略转变。

过去40多年，中国城市发展主要依靠土地金融，城市政府在财富增长的道路上一路飙升。但从2021年开始，房地产市场急剧萎缩，给以土地融资为基础的城市更新模式画上了休止符①。

从财务角度来看，城市更新的开发方式分为投资和运营两个阶段，投资阶段是指经济主体要筹集到启动商业模式的一次性投资并形成相应的资本。运营阶段则是经济主体主要维持商业模式的运转，创造持续的收益，以覆盖日常性的一般支出。当城市进入运营型增长阶段，增量的人口迅速减少，新增的基础设施和公共服务需求渐渐消失，对土地的需求也将随之放缓。在投资阶段，看上去可以获取无穷无尽融资的土地市场，其需求也开始变得饱和。继续增加的土地供给不是导致房价和地价的剧烈下跌，就是带来不动产销售"去化周期"的显著加长，烂尾项目频频出现，房地产企业债务接连爆雷，断贷楼盘四处蔓延……所有这一切意味着以前屡试不爽的"房地产+"模式不再有效。

然而，目前中国城市更新所面对的既不是完全的资本型增长阶段，也不是完全的运营型增长阶段，而是处于两个增长阶段的转换点上。只有把城市更新放到城市化转型这个大的"坐标"里，才能理解为什么依靠增容和大

---

① 赵燕菁.城市更新中的财务问题[J].国际城市规划，2023，38（1）：19-27.

拆大建的城市更新模式必须转型——因为这一模式所依赖的融资渠道"卖地"已经不复存在。如果忽视转型阶段的财务特征，选择了错误的城市更新模式，就会延长转型的痛苦，甚至导致转型失败，从而陷入长期的经济衰退[①]。

在城市更新的投资阶段，传统的以房地产为主导的增量建设模式已经逐渐转向以提升城市品质为主的存量提质改造模式。这种转变要求投资者在进行城市更新时，必须调整投资策略，紧紧把握资源统筹和能力整合的主线，深刻认识当前城市更新工作中的若干特点。此外，城市更新需要更高的协调能力，创建多元合作伙伴关系，确保项目的经济可行性和可持续性。例如，通过对城市更新项目及周边或其他项目的组合，实施城市更新资产池策略，以确保项目的经济可行性。

在城市更新的运营阶段，城市运营模式的创新成为关键。新时代城镇化发展的新形势、新背景下，城市经济增长模式从资本型增长转向运营型增长。城市运营商作为政府与市场之间的中间环节，立足于城市整体经营，将企业经营理念运用到城市管理上，在满足城市居民需求的同时，使自己的开发项目能够成为城市发展建设的有机部分，从而增强城市发展活力与创新力[②]。通过优化"人、地、财、产、技、数"等要素配置，提高投资和支出效率，保障城市的高质量发展。

总之，城市更新开发方式转型的需要，既体现在投资阶段对资源统筹和能力整合的要求上，也体现在运营阶段对城市运营商角色的重视和对运营模式创新的追求上。这种转型有助于促进资本、土地等要素根据市场规律和国家发展需求进行优化再配置，从而推动城市的高质量发展。

二是容积率变化。

容积率作为城市规划和土地利用的重要指标，直接影响城市的密度、

[①] 赵燕菁.城市更新的财务策略[M].北京：中国建筑工业出版社，2023.

[②] 范明月，张武林.城市更新视角下西安幸福林带综合开发运营模式研究[J].工程管理学报，2021，35（2）：80-84.

用地效率和居民生活质量。在城市更新过程中，容积率的调整和管理是实现空间品质提升和空间效率优化的关键手段。

从增量发展向存量更新的转型要求容积率管控的价值取向、管理目标及技术手段发生转变。传统的城市开发模式依赖于大规模的土地开发和建设，而现代的城市更新则更注重对现有土地资源的高效利用和品质提升。通过合理调整容积率，可以促进城市空间结构的优化，提高土地使用效率[①]。

例如，在一些高端低密度产品的开发中，容积率通常较低，这样可以确保较高的居住品质和绿地覆盖率。而在一些商业区或住宅区，适当提高容积率可以增加建筑密度，提高土地利用效率，满足更高的市场需求。

此外，容积率的调整还可以通过容积率奖励和转移机制来实现，这有助于缓解城市开发建设需求与城市品质提升之间的矛盾。例如，在旧城区改造项目中，通过将部分容积率转移到其他区域，可以有效提升整体开发质量和居民生活品质。

总之，城市更新开发方式转型需要采用科学合理的容积率管理，既要考虑土地资源的有效利用，又要注重提升城市空间品质和居民生活质量。合理的容积率设置和调整是实现这一目标的重要手段。

（四）建设发展转型的需要

一是绿色发展的引领。

2015年，习近平总书记提出了绿色发展理念，强调人与自然和谐共生。人类发展必须尊重、顺应、保护自然，否则将遭到自然报复。在城市更新中，应贯彻"绿水青山就是金山银山"的理念，将土地功能调整、生态修复与城市修补相结合，促进城市生产、生活、生态空间的融合与协同发展。

---

① 刘修岩，杜聪，盛雪绒.容积率规制与中国城市空间结构[J].经济学（季刊），2022，22（4）：1447-1466.

在我国经济高速发展和城镇化快速推进时，城市发展中存在过度追求速度和规模的问题，导致宜居性、包容性不足，人居环境质量不高等。部分大城市面临资源环境约束加剧，出现交通拥堵、住房紧张、环境污染、能源短缺等"城市病"。部分城市盲目追求城镇化速度，房地产过度开发，对生态环境造成破坏，资源利用无效。

进入新发展阶段，推动绿色城乡建设、实现碳达峰和碳中和目标，是住房和城乡建设高质量发展的关键路径，具有重要意义。各级主管部门应主动对标要求，将绿色发展理念融入城市更新，坚持走集约、智能、绿色、低碳的新型城镇化道路，构建新格局。

其一，抓住绿色宜居城市建设机遇，整合资源提升城市品质，推进有机更新。系统推进海绵城市建设，完成易淹易涝片区治理和雨污分流改造，巩固水环境治理成效。

其二，强化燃气安全供应，推进固体废弃物资源化利用，建设垃圾处理设施。优化城市生态空间，增加绿地与广场，加大公园规模，形成蓝绿生态网络。

其三，将绿色、低碳理念贯穿老旧小区改造和美丽居住区建设。推动建筑节能改造，运用海绵城市理念和方法，选用环保工艺和材料，推广节能产品。整合零碎地增设绿化场地，加强便民绿地公园建设，提高生态效应。鼓励引入专业物业管理，加强节能减排运营管理[1]。

另外，习近平总书记强调，应依托山水脉络等独特风光，让城市融入大自然，让居民能够望得见山、看得见水、记得住乡愁。在严守农村耕地红线的条件下，中国的新型城镇化应从"向乡村要土地"的外延扩张式发展转变为"向城市内部要空间"的内涵提升式发展。

中国城市规划设计研究院院长王凯针对增量建设与存量更新面临的挑战，明确存量更新不能再搞大拆大建，拆和建都是一个产生碳的过程，应该

---

① 葛顺明.将绿色发展理念融入城市更新[J].城市开发，2024（2）：104-105.

注重内部更新改造，不断推进渐进式、小范围、绿色低碳的创新技术应用。同时，应该提高城市公共空间使用效率，通过提高公共空间品质，激发城市活力，盘活城市的创新创业活力。并对照城市更新要关注的八大任务，提出六方面的建议：一是生态优先的城镇格局；二是生态文化的功能修补；三是公交导向的交通出行；四是绿色低碳的社区建造；五是绿色韧性的基础设施；六是智慧互联的运营系统[①]。

二是文化传承与保护。

一座城的文明，是一个地方的骄傲；每座城的文明，是一个国家的荣耀。城市，作为人类文明的瑰宝，承载着每个城市独特的历史文化底蕴。在我国，城市的历史文化和传统特色是中华优秀传统文化的重要组成部分。然而，在传统的城市更新过程中，往往过于侧重物质层面的建设，而对城市文化的传承与保护重视不足。这不仅会导致城市个性的丧失，也使城市的历史文脉中断。

随着人们对城市文化的重视，现代城市更新开始注重保护和传承城市的历史文化和传统特色。在城市规划中，注重保留和传承城市的历史建筑和文化景观，同时，也注重将传统文化元素融入城市建设中，使城市既有现代气息，又不失历史韵味。

为建设更高层次的文明城市，需在日常细微之处加以涵养，历经时间的积淀与打磨。具体而言，需从细微之处着手，切实发力，针对诸如交通拥堵、文明就餐、垃圾分类等影响群众生活品质的问题加以改善，以塑造城市文明的外在形象。同时，涵养城市的"文明力"亦不可或缺，包括志愿精神、文化价值、理想信念、道德引领等方面的培育与提升，这些构成了城市文明的内在精髓，蕴含着难以量化的文明价值，需通过切实可行的方式加以传播和扩散。

在文明建设的实践中，诸多地区已成功形成了各具特色的"文明信仰"，

[①] 王凯."双碳"背景下的城市发展机遇[J].城市问题，2023（1）：15-18.

这些信仰深入人心、影响行动，共同推动了城市发展的新跨越，使其迈向更为高远的发展阶段。

其主要体现在通过建设文化产业园区、创意产业园区等，吸引文化企业和文化人才聚集，推动文化产业的发展和传承；也可以通过加强公共文化设施建设、开展社区文化活动、推广地方特色文化等，促进社区文化的传承和发展，增强社区居民的文化认同感和归属感；还可以采用将传统文化和现代化元素相结合的方式，打造具有时代感和现代感的文化产品，再通过举办艺术展览、设计创意展览等，展示城市的独特文化魅力。另外，还应加强文化旅游发展，将城市的历史文化、民俗文化、特色产业等资源转化为文旅产品，吸引游客前来参观和旅游。

总之，新阶段的城市更新应以保护和传承城市历史文化为核心，实现物质与精神的双重提升。在保护历史文化遗产的同时，注重创新与发展，使城市既具有现代气息，又不失历史韵味。这样的城市，才能成为人们向往的居住地，焕发出持久的生命力。

三、新阶段价值理念的重构

城市更新进入新阶段，传统的价值理念已难以适应新的发展需求。因此，重构新阶段的价值理念显得尤为重要。

（一）以人为本的发展思想

新发展阶段的城市建设需要摆脱以往仅注重"增长"和"产出"的单一价值观，坚持以人为本的发展思想，解决好人民最关心的问题，更加注重人民生活质量的提升[①]。这意味着在城市更新过程中，要充分考虑居民的需求和生活质量，确保城市更新项目能够真正惠及群众。

---

① 阳建强.新发展阶段城市更新的基本特征与规划建议[J].国家治理，2021（47）：17-22.

那么，在城市更新中，实施"以人为本"理念的策略包括以下几个方面：

一是民生优先。即坚持人民城市人民建、人民城市为人民的原则，把改善民生作为城市更新的出发点和落脚点。通过加强基础设施保障和完善公共服务配套，提升城市品质，不断增强群众的获得感、幸福感和安全感。

二是有机更新。即坚持有机更新价值导向，采用"留改拆"并举的方式推进城市更新，以保护利用为主、拆除重建为辅，坚决反对大拆大建。

三是共同生产。基于马斯洛需求层次分析理论，将城市老旧小区的人本需求要素化，以保证更新目标的可达性与实践引领作用的实现。通过"三问于民"，共同参与决策过程，确保更新方案符合居民的实际需求[①]。

四是科学规划。即通过科学合理的规划，有效治理"城市病"，恢复城市活力。高质量的更新能增加城市人文气息，让城市密布可看可逛的地方，拉动旅游经济，增强城市对人才的吸引力，推动产业转型升级[②]。

五是多方参与。在城市更新过程中，政府、投资者、发展商和居民等多方参与协同，形成共建共享的良好局面。这种多方参与的模式有助于更好地理解和满足居民的需求，确保更新项目的成功实施。

029

（二）社会空间和物质空间的有效结合

在社会学视角下，空间理解为社会空间与物质空间两个部分。通过分析社会空间受到重构过程影响下的发展趋势，总结与概括物质空间重构的设计策略问题。两者相互依存彼此联系，构成了研究的整体框架[③]。这表明在城市更新中，不仅要关注物理空间的改造，还要重视社会结构的融合，确保城市更新能够促进社会和谐。

① 张晓东，吴明庆，杨青，等."以人为本"视域下城市老旧社区更新需求分析及对策[J].城市问题，2023(9)：95-103.

② 新华日报.会场内外为"城市更新"建言献策——以人为本，建设有温度的品质城市[EB/OL].[2023-03-08].https://js.people.com.cn/n2/2023/0308/c360300-40328074.html.

③ 杨振卿.基于社会学视角下老城区空间重构在城市更新中的设计策略——以合肥姚公庙区域为例[D].桂林：桂林理工大学，2016.

一是运用全局思维，营造地方特色。推进城市的有机更新，使城市更新进程与社区发展进程耦合适应，促进城市物质空间与社会空间共同成长。

二是注重功能复合，重塑活力。后现代主义建筑理论将空间的意义和功能联系起来，强调在城市公共空间更新过程中，功能使用的重要性[①]。不仅能满足人民群众的多元化需求，还能提升城市的可持续发展能力。

三是突出参与式治理。即重视物质空间供给引发的社会空间问题，要用参与式治理来解决。这种治理方式能够促进社会关系的融合，体现文化交往、日常生活等互动性要素以及城市精神、城市品格等精神要素。

四是注重文化传承与社会包容。城市更新是一个涵盖城市全生命周期的复杂过程，包含了政治考量、经济发展、文化传承、社会包容和环境改善的多维度考虑。在物质空间更新改造的同时，要注重文化性的保留和生态性的保护，以满足居民的精神需求和社会发展的要求[②]。

（三）传承和可持续的高度优化

城市更新不仅是城市存量空间重构和价值提升的过程，更是城市实现文化传承与创新，为城市高质量发展提供新动能的过程。这意味着在城市更新过程中，要注重生态保护和文化传承，避免在追求经济效益的过程中破坏生态环境和文化遗产。

在尊重社区空间原始肌理的基础上，对不合理的空间布局进行重构，有机整合社区有限的空间资源，强化功能的公共性与复合性，激活空间活力的同时满足社区居民复杂多样的功能需求。这意味着在城市更新中，要注重公共设施的建设和多功能空间的开发，提升社区的整体功能和活力。

随着城市全域数字化转型的深入推进，城市治理现代化水平将迎来显著提升，数据资源产业将得到明显强化，同时城市的宜居性和韧性也将大幅

① 李艳波.城市更新中公共空间的整理与激活[J].建筑实践，2021，3（8）.
② 李世茂.城市更新背景下的社区公共空间环境设计[J].住宅与房地产，2024（1）：95-97.

增强。这表明在新阶段的城市更新中，要充分利用数字技术，推动城市治理的现代化和智能化，提高城市管理效率和服务质量。

城市各发展阶段推进需求进阶、产业跃迁、治理升级的各事项要可持续。在操作模式上需要具有经济性，即有可接受的投入产出比，并理顺"投资、建设、运营"关系；在内容上需要体系完整，即组成部分全面，并相互协调。这意味着在城市更新中，要注重经济效益和社会效益的平衡，确保城市更新项目的可持续性和系统性。

此外，传统的城市更新模式过于依赖大规模、高速度的集聚与扩散，导致新城崛起而老城衰落的现象。在新阶段，城市更新需要采取渐进式更新和微更新方式，以最小的代价换取最优的更新效果，最大限度保留保护既有建筑，鼓励小规模、渐进式有机更新和微改造。这种方式不仅能唤醒城市活力，还能促进产业回流和人口重构。

第三章　城市更新的"新原则"

　　城市更新行动是顺应城市发展规律，以新发展理念为引领，以居民意愿优先、保留保护为主，本着"无体检不更新、无规划不更新、无设计不更新、无运营不更新、无评估不更新"的原则，以"上下结合"统筹城市建设治理为路径，以公众参与式微更新为着力点，推动城市高质量发展的综合性、系统性的战略行动①。

一、坚持无体检不更新

　　城市体检的概念首次提出是在《深圳城市发展（建设）评估报告2011》中，指出城市体检是综合化、定量化与动态化的规划实施评估，是对各层次城市规划、公共政策对城市发展实施效果进行监测与评价。2015年12月，习近平总书记在中央城市工作会议上要求，强化规划监督检查，保障规划意图实现。在2017年《中共中央　国务院关于对〈北京城市总体规划（2016年—2035年）的批复〉》中首次明确提出"建立城市体检评估机制"②。通过建立评价指标体系，对城市规划建设管理状况进行系统性、精细化、智能化

---

① 宋昆，景琬淇，赵迪，等.从城市更新到城市更新行动：政策解读与路径探索[J].城市学报，2023（5）：19-30.

② 新华社.中共中央　国务院关于对《北京城市总体规划（2016年—2035年）》的批复[EB/OL].[2017-9-27]. https://www.gov.cn/zhengce/202203/content_3635276.htm.

的评估，查找"城市病"和城市建设的短板，分析原因，有针对性地提出整治措施，提升城市治理体系和治理能力的现代化，推动城市高质量发展。城市体检突出了生态型、高质量、人本化、有韧性的可持续发展特质，创新探索新时代城市转型发展路径[①]。2018年开始，住房和城乡建设部每年都在全国试点（样本）城市开展城市体检工作，并在2019年和2021年分别发布了《住房和城乡建设部关于开展城市体检试点工作的意见》（建科函〔2019〕78号）和《关于开展2021年城市体检工作的通知》（建科函〔2021〕44号）。

2022年7月，发布《住房和城乡建设部关于开展2022年城市体检工作的通知》（建科〔2022〕54号），选取31个省、自治区、直辖市的59座城市作为体检样本城市，并明确样本城市应从生态宜居、健康舒适、安全韧性、交通便捷、风貌特色、整洁有序、多元包容、创新活力八个方面建立城市体检指标体系，另外也可以结合自建房安全专项整治、老旧管网改造和地下综合管廊建设等工作需要，适当增加城市体检内容。

2023年11月，发布《住房城乡建设部关于全面开展城市体检工作的指导意见》（建科〔2023〕75号），主要强调城市体检是实施城市更新行动的重要基础性工作。提出坚持问题导向，划细城市体检单元，从住房到小区（社区）、街区、城区（城市），找出群众反映强烈的难点、堵点、痛点问题；坚持目标导向，把城市作为有机生命体，以产城融合、职住平衡、生态宜居等为目标，查找影响城市竞争力、承载力和可持续发展的短板弱项；强化结果运用，把城市体检发现的问题作为城市更新的重点，聚焦解决群众急难愁盼问题和补齐城市建设发展短板弱项，有针对性地开展城市更新，整治体检发现的问题，建立健全"发现问题—解决问题—巩固提升"的城市体检工作机制的总体要求。

---

① 张文忠，何炬，谌丽.面向高质量发展的中国城市体检方法体系探讨[J].地理科学，2021，41（1）：1-12.

二、坚持无规划不更新

"城市更新区规划"是在特定地区内推行城市更新所采取的工具，是受到赋权的该地区内城市更新改造的管制依据①。"坚持无规划不更新"是指在城市更新过程中，若缺乏科学、合理的规划指导，将导致更新项目无法实现预期目标，进而影响城市更新的可持续发展。这一理念强调规划在城市更新中的重要地位，呼吁各方重视规划与更新实践的紧密结合。

在我国城市化进程迈入新阶段和承担新任务的背景下，城市规划的角色与定位亦需重新审视。以上海市和深圳市为例，上海市提出了"五量管控"的理念，即总量锁定、增量递减、存量优化、流量增效、质量提高，并已实施《上海市城市更新实施办法》。深圳市则颁布了《深圳市城市规划标准与准则》等相关法规、政策、技术标准和操作细则，构建了一套较为完善的政策体系。在城市更新过程中，城市规划具有以下四重意义。

一是强化城市更新相关规划的指导作用，明确更新区域规划的职责范围和实施手段，推动政府城市更新的落实，同时力求在规划过程中降低或化解潜在的社会冲突风险。

二是为原产权主体、社区及居民提供整合产权的途径，赋予其发展机遇，进而参与城市更新项目，共享城市化带来的红利。

三是为开发商提供协调工具，降低存量土地获取成本。

四是优化规划体系，明确更新区域规划的定位与职责。

2019年5月，《中共中央 国务院关于建立国土空间规划体系并监督实施的若干意见》指出，要分级分类建立国土空间规划，主要包括总体规划、详细规划和相关专项规划三类，国家、省、市县人民政府负责编制相关规划，各地结合实际编制乡镇相关规划，由此确立了"五级三类"的规划体系。

---

① 周显坤.城市更新区规划制度之研究[D].北京：清华大学，2017.

在《中国土地》杂志上发表的《城市更新规划制度建设与更新政策的互动》一文中，岳隽、赵冠宁、吴侯璇等人强调了在城市更新规划探索和实践过程中，伴随着"五级三类"国土空间规划体系建设的重大变革，城市更新规划也在国土空间规划改革进程中围绕改革目标不断完善，并详细分析了规划管理和政策配套在城市更新中的重要作用。另外，他们还认为，城市更新规划的编制、审批和管理应围绕空间治理目标与更新实施需求进行双向对接，而城市更新政策创新则能为规划实践中的重点和难点问题提供突破口[①]。

2022年7月，住房和城乡建设部联合国家发展改革委印发实施《"十四五"全国城市基础设施建设规划》（以下简称《规划》），对"十四五"期间统筹推进城市基础设施建设作出全面系统安排。《规划》明确提出，"十四五"期间，要精细化设计建设道路空间，提高公共交通、步行和非机动车等绿色交通路权比例，提升街道环境品质和公共空间氛围。对于适宜骑行城市，新建、改造道路红线内人行道和非机动车道空间所占比例不宜低于30%。

2023年11月，自然资源部办公厅印发《支持城市更新的规划与土地政策指引（2023版）》，主要是为发挥"多规合一"的改革优势，加强规划与土地政策融合，提高城市规划、建设、治理水平，支持城市更新，营造宜居韧性智慧城市而制定。其中强调要以"高质量发展、高品质生活、高效能治理"为目标，以国土空间规划为引领，在"五级三类"国土空间规划体系内强化城市更新的规划统筹，促进生产、生活、生态空间优化布局，实现城市发展方式转型，增进民生福祉，提升城市竞争力，推动城市高质量发展，为地方因地制宜地探索和创新提供了规划方法和土地政策，为依法依规推进城市更新提供指引。

---

① 岳隽，赵冠宁，吴侯璇，等.城市更新规划制度建设与更新政策的互动[J].中国土地，2023（9）：9-13.

三、坚持无设计不更新

近年来，伴随着现代化城镇建设力度的持续推进，城市更新工作备受关注。然而，许多城市开发项目在前期规划设计阶段缺乏科学性和合理性。部分建设单位为扩大建筑物占地面积，提高经济利益，占用公共建设用地，导致城市绿地面积逐渐缩小，不利于城市居民活动空间的拓展。同时，绿化工程对城市自然生态环境建设具有重要意义。建设单位的随意用地不仅影响城市居民的身心健康和稳定生活，还可能导致经济损失。因此，在城市开发建设环节，应关注自然生态环境的科学规划和开发利用。

2015年12月，中央城市工作会议强调了城市设计工作的重要性，并指出要加强城市设计，提倡城市修补，加强控制性详细规划的公开性和强制性。要加强对城市的空间立体性、平面协调性、风貌整体性、文脉延续性等方面的规划和管控，留住城市特有的地域环境、文化特色、建筑风格等"基因"。

2016年2月，中共中央　国务院印发《关于进一步加强城市规划建设管理工作的若干意见》明确强调，城市设计在落实城市规划、指导建筑设计以及塑造城市特色风貌方面具有重要作用。积极推广城市设计工作，旨在通过全局性与立体化的视角，整合城市建筑布局，协调城市景观风貌，彰显城市地域特性、民族特色与时代风貌。单体建筑设计方案须严格遵循城市设计要求，在形态、色彩、体量及高度等方面与之相适应。此外，文件要求加快城市设计管理法规的制定，完善相关技术导则。同时，为培养专业人才，支持高校开设城市设计相关专业，建立健全城市设计队伍。文件还强调，应遵循"适用、经济、绿色、美观"的原则，着重发挥建筑使用功能，实现节能、节水、节地、节材和环保目标，防止过度追求建筑外观形象。加强公共建筑和超限高层建筑设计管理，建立大型公共建筑工程后评估制度。在此基础上，文件提出要坚持开放发展战略，完善建筑设计招标投标决策机制，规范决策行为，提高决策透明度和科学性；进一步培育和规范建筑设计市场，依法严格执行市场准入和清出制度；为建筑设计院和建筑师事务所的发展创造有利条件，鼓励国内外建筑设计企业公平竞争，促进优秀作品脱颖而出。

2017年3月，第三十三次中华人民共和国住房和城乡建设部常务会议审议通过了《城市设计管理办法》，其中第四条规定，开展城市设计，应当符合城市（县人民政府所在地建制镇）总体规划和相关标准；尊重城市发展规律，坚持以人为本，保护自然环境，传承历史文化，塑造城市特色，优化城市形态，节约集约用地，创造宜居公共空间；根据经济社会发展水平、资源条件和管理需要，因地制宜，逐步推进。第六条规定，城市、县人民政府城乡规划主管部门，应当充分利用新技术开展城市设计工作。有条件的地方可以建立城市设计管理辅助决策系统，并将城市设计要求纳入城市规划管理信息平台。

2023年7月，《住房城乡建设部关于扎实有序推进城市更新工作的通知》明确强调了强化精细化城市设计导则的重要性。

四、坚持无运营不更新

2021年8月，北京市政府印发《北京市城市更新行动计划（2021—2025年）》，强调要创新城市更新运营模式，发挥政府、企业、社会各方力量，形成多元化、可持续的城市更新运营体系。

2022年，印发《住房和城乡建设部办公厅关于印发实施城市更新行动可复制经验做法清单（第一批）的通知》，以总结和推广各地在城市更新方面的成功经验和做法，进一步推动全国范围内的城市更新工作。如重庆市出台《重庆市城市更新管理办法》，针对城市更新多渠道筹资、土地协议出让、产权转移、产业升级、项目一体化开发运营等提出相关支持政策；江苏省构建"单元规划—体检评估—城市设计—特色片区—计划储备—方案设计—项目实施—监督管理—常态运营"的实施体系；辽宁省沈阳市允许在行政区域范围内跨项目统筹、开发运营一体化的运作模式，实现统一规划、统一实施、统一运营。

2023年，宁波市制定《宁波市城市更新片区（街区）体检和策划方案编制技术指引》，提出城市设计指引以及规划调整、土地出让、投资运营等建议；衢州市在项目实施过程中，编制更新项目"设计+运营"方案，明确项目策划、规划、设计、管理、运营一体化实施路径，有效指导项目实施；重庆市探索微更新一体化运营方式推进老旧街区改造，实现老旧街区活力焕新，这些措施被纳入住房和城乡建设部印发的《实施城市更新行动可复制经验做法清单（第二批）》，在全国范围内推广，以推动更多城市的可持续发展和精细化管理。同年，自然资源部办公厅印发《支持城市更新的规划与土地政策指引（2023版）》，其中强调在拟定更新实施安排时，要统筹考虑投资成本、运营效益、收益分配、公益性分配、实施路径和机制等内容。同时，在开展城市设计等专题研究时，强调要加强城市更新前置运营设计。

城市更新运营的重要性可以从五个方面体现：一是通过专业化、市场化的运营管理，可以有效提升城市基础设施、公共服务设施的品质，提高市民的生活质量；二是能够吸引更多企业、人才入驻，激发城市经济活力，促进产业升级；三是有助于确保城市更新项目在长期运行过程中，实现经济效益、社会效益和环境效益的平衡，实现可持续发展；四是有助于政府更好地掌握城市运行状况，提高城市治理水平；五是有助于构建和谐社会，提高城市居民生活的幸福指数。

五、坚持无评估不更新

在城市更新的过程中，最重要的是对城市体检进行评估。随着城镇化进程的快速推进，交通拥堵、环境污染、城市内涝严重、资源短缺等"城市病"逐步凸显，建立城市体检评估机制成为治疗"城市病"的重要方法，可以诊断其存在的问题与不足。2017年，《住房和城乡建设部关于城市总体规划编制试点的指导意见》中提出"一年一体检，五年一评估"的评估机制。2018年，将"城市体检"列为全年重点工作任务之一，要求建立没有"城市病"的城市建设管理和人居环境质量评价体系，并正式建立"一年一体检、五年一评估"的工作制度。2021年，由自然资源部发布的《国土空间规划城市体检评估规程》（以下简称《规程》），明确了在城市更新中开展体检评估工作的内容与要求，并在我国多个城市开展城市体检评估试点工作，城市更新的体检评估成为国土空间规划的常态化工作。

　　在自然资源部办公厅印发的《支持城市更新的规划与土地政策指引（2023版）》中，也针对城市更新的特点，提出要自上而下、自下而上地开展充分的调查评估，并指出要开展市政和交通基础设施、公共服务设施和资源环境等承载力评估，加强城市安全、历史文化和生态与自然景观保护、社会稳定等方面的风险影响评估，根据城市更新的需要同时开展其他方面的专项评估。该指引还强调在对各类定级文化遗产依法保护的基础上，在城市更新中全面开展对未定级历史文化资源的梳理和评估，并提出保护管理要求，建立预保护制度。同时，对城市更新开展全流程、精细动态化的规划监督和实施评估，搭建政府、市场、社会在开展城市更新时的供需对接平台，保障城市更新高质量落地实施。为完善全生命周期管理，还需要建立健全由"基础信息—意愿征询—编制审批—实施协商—土地供应—规划许可—验收核实—产权登记—监测监管—实施评估"等环节构成的城市更新全生命周期规划管理体系。最后强调要加强规划实施评估，一方面在城市国土空间监测和国土空间规划城市体检评估工作中对城市更新开展全流程、精细化、动态化的规划监督，将相应的体检评估结果作为编制、审批、维护、修改规划和审计、执法、监督等工作的重要参考；另一方面依据国土空间规划目标和管控要求，结合更新实施计划，定期对城市更新项目的实施过程、对经济社会发展的贡献以及产生或可能产生的负面影响等实施结果进行动态评估，及时发现问题并督促整改。

　　为落实国家战略部署，促进地方高质量发展，住房和城乡建设部与上

039

海、辽宁、江西、海南等省市开展超大城市精细化建设和治理、城市更新先导区、城市体检评估机制等共建合作，为城市更新从行动到共识，从实践探索到制度化、常态化推进探索有效路径。2021年11月，印发《住房和城乡建设部办公厅关于开展第一批城市更新试点工作的通知》（建办科函〔2021〕443号），城市更新由部分一二线城市的先行探索拓展为全国范围的规模性推行，浙江、海南等也先后开展示范[①]。

---

① 宋昆，景琬淇，赵迪，等.从城市更新到城市更新行动：政策解读与路径探索[J].城市学报，2023（5）：19-30.

第四章　城市更新的意义

　　2015年12月20日在北京举行的中央城市工作会议上，习近平总书记就当前城市发展面临的形势发表重要讲话，明确做好城市工作的指导思想、总体思路、重点任务。另外，时任国务院总理李克强在会议中论述了当前城市工作的重点，提出了做好城市工作的六大要点部署，即"一个尊重五个统筹"。国家领导层对城市更新工作的关注，为当前盲目扩张的城市发展指明了方向，为"城市病"开出了"药方"，是今后城市发展的指导思路和要求，具有重大的现实指导意义[①]。

　　《中华人民共和国国民经济和社会发展第十四个五年规划和2035年远景目标纲要》指出，实施城市更新行动，是适应城市发展新形势、推动城市高质量发展的必然要求；是坚定实施扩大内需战略、构建新发展格局的重要路径；是推动城市开发建设方式转型、促进经济发展方式转变的有效途径；是推动解决城市发展中的突出问题和短板，提升人民群众获得感、幸福感、安全感的重大举措。

　　2023年2月20日，由中共中央党史和文献研究院编辑的《习近平关于城市工作论述摘编》出版发行，记录了习近平总书记就城市工作发表的一系列重要论述，高屋建瓴、内容丰富、思想深邃，为城市发展明确了价值观与方法

---

① 李磊.浅谈规划建设统筹协调策略——以徐州市区规划建设统筹协调为例[J].江苏城市规划，
　　2017（10）：5.

论，揭示了中国特色社会主义城市发展规律，深入解答了城市建设发展依靠谁、为了谁的根本问题，以及建设哪种城市、如何建设城市的重大课题。这些论述对于持续推进城市治理体系与治理能力现代化，提高新型城镇化水平，改善城市环境、提升人民生活质量、增强城市竞争力，构建和谐宜居、富有活力、独具特色的现代化城市，开启人民城市建设新篇章，推动全面建设社会主义现代化国家、全面推进中华民族伟大复兴，具有极其重要的指导意义。

一、改善民生问题，推动高品质生活

亚里士多德曾说："人们来到城市，是为了生活。人们居住在城市，是为了生活得更好。"因此，城市规划建设应融入让群众生活更舒适的理念，根本目的是提升人民群众获得感、幸福感、安全感。

在经济高速发展和城镇化快速推进过程中，我国城市发展注重追求速度和规模，城市规划建设管理"碎片化"问题突出，城市的整体性、系统性、宜居性、包容性和生长性不足，人居环境质量不高，一些大城市"城市病"问题突出。通过实施城市更新行动，有助于及时回应群众关切，着力解决"城市病"等突出问题，补齐基础设施和公共服务设施短板，推动城市结构调整优化，提升城市品质，提高城市管理服务水平，让人民群众在城市生活得更方便、更舒心、更美好。

国家发展改革委发布《2022年新型城镇化和城乡融合发展重点任务》，明确要优化城市发展理念，建设宜居宜业城市，打造人民高品质生活的空间。一是启动城市老化燃气等管道更新改造项目，完善防洪排涝设施。二是有序推动城市更新进程，旨在改善840万户老旧小区居民的居住环境。

改革开放以来，我国城镇常住人口由1.72亿增长到超9亿，城镇化率从不到20%发展到66%，城市规模大幅提升；城市发展主要以外延式扩张为主，城镇空间逐步扩大。其中，截至2023年末，浙江省城镇化率已达74.2%，并且随着城镇化率的不断提高，出现了诸多城市问题：交通拥堵、房价快速上涨、产业后劲不足、环境污染严重、管理粗放、应急迟缓等，影响了人民群众生活水平的进一步提高。

人民的需求是城市更新的内在动力和出发点，实施城市更新需要坚持以"人"为核心的价值导向，解决市民最关心、最直接、最现实的利益问题，提升城市功能品质，提高人民生活质量，满足人民群众对美好生活的期盼。清华同衡规划设计研究院潘芳副院长，针对现阶段城市更新总体特点提出"城市更新要以人为核心，精准满足人群需求"的观点，强调城市是为人民服务的，满足人民日益增长的美好生活需要是我们的时代任务。有些是人们共同的追求，例如城市烟火气息如何保留，城市的独特韵味如何彰显；而有些则是个性化的，例如Z世代新人类对于潮生活、小众化的追捧，年轻妈妈对于购物、休闲、遛娃、教育的一站式综合需求，"60后"新老人对于退休生活品质空间的高要求与高支付能力。所以，对各类群体在城市更新空间中的需求融合与协调平衡，进行精细化设计解决，精准把脉人群需求是未来城市更新工作的重点[①]。

043

比如，2022年，杭州市拱墅区德胜新村为改善居民居住条件，将原已荒废许久的自行车库房改造成了"阳光老人家"中心，将腾退社区用房建成了"乐龄家护理中心"，曾经狭窄的小区道路得以加宽，扩容后新增不少停车位。经过改造后的德胜新村焕发新生，从此居民生活多了"5个圈"：社区养老生态圈、便民商业服务圈、文化教育学习圈、无障碍生活圈和社区公共休闲圈。

二、提升城市能级，推动高质量发展

城市建设是贯彻落实新发展理念、推动高质量发展的重要载体。随着我国经济发展由高速增长阶段进入高质量发展阶段，过去"大量建设、大量

---

① 中国网.潘芳：城市更新要以人为核心，精准满足人群需求[EB/OL]. [2024-05-14]. http://www.xinhuanet.com/local/20240514/60884544896b481f849b43008c1dd293/c.html.

消耗、大量排放"和过度房地产化的城市开发建设方式已经难以为继。实施城市更新行动，推动城市开发建设方式从粗放型外延式发展转向集约型内涵式发展，将建设重点由房地产主导的增量建设，逐步转向以提升城市品质为主的存量提质改造，促进资本、土地等要素根据市场规律和国家发展需求进行优化再配置，从源头上促进经济发展方式转变。

2022年6月，浙江省第十五次党代会报告中明确提出要全面推进高质量发展建设共同富裕示范区和社会主义现代化先行省，努力成为新时代全面展示中国特色社会主义制度优越性的重要窗口，全面提升人民群众的获得感、幸福感、安全感和认同感，奋力开拓干在实处、走在前列、勇立潮头的新境界。然而，没有坚实的物质基础，就很难推动高质量发展。改革开放以来，为全面贯彻新发展理念，坚持社会主义市场经济改革方向，坚持高水平对外开放，加快构建新发展格局，着力推进城乡区域协调发展，推动经济实现质的有效提升和量的合理增长。

同时，城市更新有助于推动产业结构调整和优化，使城市经济更具活力和竞争力。一方面，通过对老旧厂区、仓储物流等区域的更新改造，引入新兴产业和高附加值产业，提升城市产业层级；另一方面，激发创新创业活力，推动城市经济转型升级，实现高质量发展。

比如，唐山市滦州市充分运用新一代信息技术，加快新型城市基础设施建设，推进智能市政、智慧社区、智能建造、智慧城管，提升城市运行管理效能和服务水平。落实城乡建设领域碳达峰碳中和目标任务，转变由房地产主导的增量建设方式，探索政府引导、市场运作、公众参与的城市更新可持续模式。杭州市上城区通过智慧城市创新基层社会治理，不仅提升了城市管理效率，还改善了居民的生活水平。

三、促进经济增长，推动高效能治理

党的二十大报告指出，着力扩大内需，增强消费对经济发展的基础性作用和投资对优化供给结构的关键作用。

2024年，在二十届中央政治局第十一次集体学习时，习近平总书记强调，发展新质生产力是推动高质量发展的内在要求和重要着力点，必须继续做好创新这篇大文章，推动新质生产力加快发展。而城市是扩内需补短板、增投资促消费、建设强大国内市场的重要战场。城市建设是现代化建设的重要引擎，是构建以国内大循环为主体、国内国际双循环相互促进的新发展格局的重要支点。我国城镇生产总值、固定资产投资占全国比重均接近90%，消费品零售总额占全国比重超85%，可见城市发展能有效带动经济增长。

实施城市更新行动，不仅是提升城市品质、改善居民生活水平的民生工程，更是推动经济高质量发展的新动力源。通过优化城市空间布局、完善基础设施、增强公共服务能力等措施，可以进一步激发市场活力和社会创造力，吸引更多投资和消费，形成新的经济增长点。

同时，城市更新也是培育发展新动能的重要途径。通过推进科技创新、绿色发展、数字经济等新兴产业，可以推动城市产业结构优化升级，提高经济增长的质量和效益。这将有助于畅通国内大循环，促进经济长期持续健康发展。

另外，城市更新涉及多个领域和层面，需要各方协同推进。在这个过程中，政府、企业、社会组织和市民共同参与，形成共建共治共享的城市治理格局。通过优化城市规划、加强基础设施建设、改善生态环境、提升公共服务等手段，提高城市治理体系和治理能力，为城市发展提供有力保障[①]。

---

① 王永健，汪碧刚.探索共建共治共享的城市治理新格局[J].人民论坛，2017(36)：46-47.

Part2

第二部分

城市更新的
方法论

随着我国经济社会的快速发展，城市化进程已经进入了一个全新的阶段，即新型城镇化高质量发展阶段。在这个阶段，城市更新作为一项综合性、全局性的社会系统工程，其方法论要求必须全面探索多个关键领域。首先，城市更新的主体需要明确，这包括政府、企业以及社区居民等多方参与者的协同合作。其次，城市发展驱动力是城市更新的重要基础，传统要素如土地、劳动力和资本已遇到瓶颈，而经济资源、文化资源、社会关系和科技力量成为新的驱动力。此外，政策制度也是城市更新不可或缺的一部分，完善的规划与土地政策指引能够为城市更新提供法律保障和指导方针。最后，城市发展的路径则涉及从外延式扩张向内涵式发展的转变，并强调高质量发展的重要性。这些内容共同构成了城市更新的方法论框架，旨在通过多维度的探索和实践，推动城市的可持续发展。

第五章 探索城市更新的主体

在过去的实践中，政府主导的城市更新模式在一定程度上推动了城市的发展，但也暴露出一些问题，如更新速度过快、忽视历史文化保护等。因此，在实践中应基于不同的地理位置、文化背景、人口规模、经济水平、发展阶段、资源禀赋、战略规划、现实问题，探索多元化更新主体，确保城市更新的有效实施。

一、单一政府主导转向多元主体参与

新时代以来的城市更新逐步从被动解决"城市病"转为主动追求高质量城市环境，同时在"城市建设为人民"的城市规划指导思想引领下，城市更新更加注重对人的考虑，各地在城市更新中更加重视对居民意见的采纳，重视对公众参与的探索和效果保障，逐步形成多方合作的多元主体参与模式[①]。城市更新涉及政府、开发商、社会组织、居民等多元利益主体，传统政府主导、由上至下的治理方式很难适应城市更新主体结构的新变化。以政府主导推动城市更新的模式，给政府带来沉重财政负担的同时，实施效率也较为低下。在财政能力和行政能力有限的情况下，民间资本成为政府可以采

---

① 高学成，盛况，高祥，等.从市场主导走向多方合作：城市更新中多元主体参与模式分析[J].
  未来城市设计与运营，2022（6）：7-12.

用的重要工具，政府必须通过与市场结盟的方式来弥补相对弱化的权利^①。

实际上，政府管得越来越多和越来越少都只是手段，而目标是在多与少的平衡中，管得越来越好。根据住房和城乡建设部要求，创新城市更新可持续实施模式，遵循"政府统筹、市场运作、公众参与"的原则，努力让政府、市场、社会、公众形成合力推动转变城市发展方式，在城市更新过程中，应形成多元主体协调机制，保障多元公众参与，形成共建共治共享的城市更新格局，从而更好地满足不同群体的需求。

在城市更新过程中，需要政府、社区、居民和企业等多元主体共同参与，通过不同利益群体的沟通和协商，实现共建共治共享，即城市更新是政府、市场、公众三方合作治理的过程。例如，政府在城市更新中扮演协调、引导、监督的角色，制定合理的政策和规划，为市场和公众参与城市更新提供必要的支持和引导，推动多元主体深度参与；市场是城市更新项目运作主体，组织项目建设实施需要积极参与城市更新，提供资金和技术支持；社会组织需要搭建好政府、市场、公众三者在城市更新中的沟通桥梁；公众是城市公共空间的直接使用者，需要积极参与城市更新的决策过程，提出自己的意见和建议。

总之，多元主体参与机制是在城市更新项目的规划、设计、实施、运营和监管等各个环节中，引入多个不同的利益相关者，建立起一种包容、民主、开放和协作的工作机制。这种参与机制有助于充分发挥各方的优势和创造力，提高城市更新行动的有效性和可持续性^②。同时，加强城市更新资金政策研究，探索构建多元化资金保障机制，鼓励市场主体深度参与，合理引导居民共同出资。加强政府投资引导，整合旧改棚改、基础设施建设等各类专项资金，设立城市更新引导资金，积极吸引市场主体参与投资。坚持市场化运作，招引有实力的企业，实行片区整体设计、投资、建造、运营、管理一体化开发更新。

① 韩文超，吕传廷，周春山.从政府主导到多元合作——1973年以来台北市城市更新机制演变[J].城市规划，2020，44（5）：97-103，110.
② 蒋纹，刘畅.城市更新的多元主体参与机制研究[J].浙江建筑，2024，41（1）：90-95.

二、政府主导城市更新的局限性

随着城市化进程的不断推进，政府主导的城市更新项目在一定程度上取得了显著的成果，但也暴露出诸多局限性：缺乏市场机制的调节，导致资源配置不合理；政府单一决策，容易忽视民众需求和参与；财政压力大，可能导致城市更新过程中的质量问题等。

（一）缺乏市场机制的调节，导致资源配置不合理

缺乏市场机制的调节，导致资源配置不合理，是政府主导城市更新过程中较为明显的问题。

一是在资源配置方面容易产生不公平现象。由于政府对城市更新的规划和实施过程具有较大的控制权，很容易导致部分利益集团通过权力寻租等方式获取稀缺资源，从而使资源配置偏离市场化原则，进一步加剧社会不公。

二是政府主导的项目可能导致投资效益不高。政府在城市更新过程中，往往过于关注基础设施建设和公共服务设施的提升，而忽视了市场需求和产业发展。这种一刀切的做法容易导致部分地区投资过剩，而部分地区资源匮乏，最终影响整体投资效益。

三是缺乏市场机制调节的城市更新容易产生供需失衡。政府在城市更新过程中，很难全面了解市场真实需求，从而导致供应与需求的不匹配。一方面，可能导致部分城市更新项目竣工后，市场消化能力不足，造成资源浪费；另一方面，也可能使部分迫切需要更新的地区和项目无法得到及时有效的支持。

为解决政府主导城市更新过程中的局限性，有必要引入市场机制进行调节。一方面，政府应加强与社会资本的合作，共同推进城市更新项目；另一方面，政府还需完善相关政策法规，保障市场参与者的合法权益，激发

051

市场活力。此外，政府应充分尊重市场规律，加强对城市更新市场的监管，确保资源配置的合理性和公平性。

(二)政府单一决策，容易忽视民众需求和参与

由于政府掌握着大量的资源和权力，其决策地位使得其他利益相关者难以发挥实质性的作用。这种决策模式可能使政府过度聚焦于GDP和政绩工程，而忽视了民众的实际需求。因此，城市更新可能偏离民生导向，无法真正解决民众所关心的住房、就业和环境等问题。

而政府在决策过程中往往还缺乏足够的民主和公开性，这可能导致城市更新规划未能充分反映民众意愿和需求。此外，政府官员的任期制也可能使城市更新规划受到政治因素的干扰，进而影响规划的连续性和稳定性。在这种情况下，城市更新可能陷入短视和急功近利的困境，无法实现可持续发展的目标。

在城市更新过程中，民众应作为重要的参与者，其需求和意见应得到充分的尊重和体现。然而，在现实中，政府在决策过程中往往忽视民众的参与权，这导致民众对城市更新的认同感和参与度较低。这种现象可能引发社会矛盾，对城市更新的推进产生不利影响。

综上所述，为了推动城市更新的可持续发展和减少社会矛盾，政府需要更加重视民众的参与和需求，加强决策的民主和公开性，并减少政治因素对城市更新规划的干扰。

(三)财政压力大，导致城市更新出现系列问题

城市更新需要投入大量的资金，用于基础设施建设、旧城区改造、公共服务设施提升等。然而，政府的财政资源有限，很难满足所有城市更新项目的需求。这种财政压力不仅制约了城市更新的规模和速度，还可能导致一些项目因为资金短缺而被迫停工或延期。

因此，政府为了筹集资金，可能会采取一些不太合理的方式，如过度

依赖土地出让收入、提高土地出让价格等。这些做法不仅增加了企业和居民的负担，还可能引发一系列社会问题，如房地产市场泡沫、社会不公等。这不仅影响了城市更新的进程，还可能导致城市更新过程中的质量问题。

另外，政府在资金紧张的情况下，可能会在材料采购、施工标准等方面做出妥协，以降低成本。这种妥协可能直接导致一些城市更新项目存在安全隐患、环境污染等问题。同时，为了快速完成城市更新任务，政府可能会忽视对文化遗产、历史建筑的保护，导致城市特色的丧失。这种"千城一面"的现象不仅削弱了城市的竞争力，还可能引发居民的不满和抵制。

三、城市更新多元共治模式的优势

（一）充分发挥市场机制作用，实现资源优化配置

过去的城市更新往往由政府主导，企业在其中扮演的角色较为单一。为解决政府主导产生的问题，应引入市场机制进行调节，实现政府与市场的有机结合，共同推动城市可持续发展。在多元共治模式下，政府、企业、社会组织和居民等多方共同参与城市更新过程，各司其职，形成一个有机的整体。市场机制在资源配置中起到决定性作用，能够使土地、资金、人才等生产要素得到高效利用，进而提高城市更新的经济效益。此外，通过市场竞争，有助于培育一批具有竞争力的企业，推动城市更新产业的升级和发展。

（二）多元主体参与，充分听取民意，提高城市更新的公众满意度

政府单一决策的城市更新模式已不再适应社会发展的需求。只有充分调动各方积极性，实现民主、公平、可持续的城市更新，才能真正提升民众的生活品质，推动城市的繁荣发展。要让各参与主体在城市更新过程中充分发挥自身的优势，共同推动项目实施，特别是在规划、设计和建设过程中，充分听取民意，确保民生需求得到充分满足。这种民主参与的方式，有助于

提高城市更新的公众满意度，使城市更新真正成为造福于民的项目，提升城市品质。

（三）分散决策风险，提高城市更新项目的实施质量

多元共治模式下，城市更新项目的决策权分散在各个参与主体之间，形成了相互制衡的机制。在项目实施过程中，各主体根据自身专业知识和经验，对项目进行全程监控，确保项目质量。同时，分散决策风险有利于应对城市更新过程中可能出现的各种不确定性因素，提高项目的成功率。

四、多元协同共治下的可持续发展

在城市更新的创新路径探索中，需要充分发挥多元协同共治的优势，实现政府、企业、社会组织和居民的共同参与。在政策引导、城市规划、历史文化保护等方面下功夫，确保城市更新的可持续发展。同时，提高民众参与度，建立有效的沟通协调机制，让城市更新真正惠及广大居民，为我国城市发展注入新的活力。

（一）建立多方参与的平台，实现共同治理

城市更新涉及众多利益相关者，包括政府、企业、社会组织和居民等。建立一个多方参与的平台，可以让各方的声音得到充分尊重和体现，从而达成共识，推动城市更新的顺利进行。在这个平台上，各参与者可以充分发挥各自的优势，共同推进城市更新项目的实施。例如，政府可以提供政策支持和引导，企业可以注入资本和提供技术，社会组织可以发挥协调作用，居民可以积极参与和监督。通过这种方式，实现多方共同治理，为城市更新提供有力保障。

(二)制定相关政策,鼓励社会资本投入城市更新项目

城市更新需要大量的资金投入,政府应当制定相关政策,鼓励社会资本参与其中。一方面,政府可以通过财政补贴、税收优惠等政策,引导企业和社会组织投资城市更新项目;另一方面,政府还可以通过政府和社会资本合作(PPP)等方式,与社会资本共同推进城市更新项目。这样既能减轻政府财政压力,又能激发社会资本的积极性,为城市更新提供资金保障。

(三)强化城市规划的引领作用,确保城市更新的可持续发展

城市规划是城市发展的蓝图,对于城市更新的可持续发展具有重要意义。城市规划应当充分考虑城市的历史、文化、地理等多方面因素,确保城市更新过程中能够保护和传承城市特色[①]。同时,城市规划还需要关注城市基础设施建设、生态环境保护等方面,以实现城市更新的绿色、低碳、智能、宜居目标。通过强化城市规划的引领作用,可以为城市更新提供科学指导,确保其可持续发展。

(四)加强历史文化保护,塑造城市特色

城市更新过程中,历史文化保护是不可或缺的一环。应该在保护历史文化遗产的基础上,挖掘城市的文化底蕴,塑造独特的城市特色。一方面,要对古建筑、历史街区等进行修缮保护和活化利用,使其成为城市更新的亮点。另一方面,要注重文化传承和创新,将传统文化与现代元素相结合,打造独具特色的城市空间。通过加强历史文化保护,可以让城市在更新的过程中更具吸引力,提高城市的整体品质。

---

① 宋春华.新型城镇化背景下的城市规划与建筑设计[J].建筑学报,2015(2):1-4.

（五）提高民众参与度，建立有效的沟通协调机制

城市更新关系到居民的切身利益，提高民众参与度是至关重要的。政府和企业应主动倾听居民的意见和需求，将其纳入城市更新规划中。同时，建立有效的沟通协调机制，及时解决居民在更新过程中遇到的问题。通过这种方式，可以增进居民对城市更新的理解和认同，形成政府、企业、居民共同参与的城市更新格局。

第六章 探索城市更新的驱动力

城市更新，作为现代城市发展的重要组成部分，其驱动力多种多样，涉及经济、文化、社会、科技等多个层面。它不仅是对城市物质空间的改造和升级，更是对城市生活品质、社会结构和文化特色的全面提升。

一、经济驱动

在经济层面，产业的发展和创新是城市发展的核心驱动力。随着全球化和城市化的加速推进，城市经济不断发展壮大，对土地、空间等资源的需求也日益增长。城市更新通过拆除老旧建筑、整治低效用地，为经济发展提供了更多土地资源和空间支持。同时，城市更新还可以促进产业升级和结构调整，推动城市经济向更高质量、更可持续的方向发展。

（一）土地利用和房地产市场

城市更新可以重新规划和利用城市中的土地资源，改善城市环境和基础设施，提高土地价值和房地产市场竞争力。通过城市更新，可以释放土地价值、房屋价值，吸引更多的投资者和开发商进入市场，促进房地产市场的繁荣和经济增长。城市更新主要通过优化和重新配置城市土地资源，提升城市土地价值，进一步刺激房地产市场需求，促使各类房地产市场需求量的增加；同时房地产税等收入可增加城市更新的融资渠道，扩大城市更新的融资方式，为城市更新顺利开展提供保障作用[1]。

(二)城市产业发展和经济转型

城市更新可以通过改善城市基础设施、推动产业升级和调整产业结构，促进城市产业发展和经济转型。城市更新可以吸引更多的创新型企业和技术人才进入城市，促进高新技术、新兴产业等领域的快速发展，提升城市的产业竞争力和经济发展水平，以产业升级驱动城市更新，以产业创新激活城市再生，实现城市高质量可持续发展。

(三)社会资本和金融支持

城市更新需要大量的资金投入，包括政府资金、社会资本和金融贷款等。这些资金的投入可以促进城市更新项目的实施和完成，同时也可以带动城市经济的发展和金融市场的繁荣。

例如，利用债券融资的杠杆效应，满足大规模建设资金的需要，采取发行地方政府债券、资产证券化等方式，为城市更新提供金融支持，促进城市经济的增长。也可以通过政企合作的方式，利益共享、风险共担，降低政府负担，同时降低社会主体的风险，从而提高社会力量参与的主动性和积极性。

(四)人才流动和消费市场

城市更新可以改善城市环境和居住条件，提高城市的吸引力和竞争力，吸引更多的人才流入。这些人才的流入可以带动城市消费市场的扩大和繁荣，促进城市经济的发展。

例如，城市更新可以推动商业街区、购物中心等消费场所的建设和升级，吸引更多的消费者前来购物和消费。上海虹梅路休闲街虽没有南京路的

---

[1] 温日琨.谈城市更新与房地产市场的互动效应[J].商业时代，2008(22)：3.

繁华，也没有新天地的文化背景，但拥有亲切的空间和浓厚的休闲氛围。全街店铺外观造型简单，店铺布局紧凑不杂乱，店内陈设古朴不老旧，也有各自传统或现代的突出特有品位。虹梅路休闲街采用欧陆风格设计，品位高雅，树木葱郁，不同程度地吸引消费者的视线，也提高了虹梅路休闲街的消费水平^①。同时，虹梅路也是一条具有异域风情的商业街，这里集中了包括韩国、日本、法国、荷兰等多国的餐饮美食，使目标消费群体多样化，进一步扩大了消费市场。

二、文化驱动

文化是城市的灵魂，是城市独特魅力和吸引力的来源。因此，城市更新不仅意味着物质空间的改造，更意味着文化的传承和创新。通过挖掘和保护历史文化资源，打造具有地方特色的文化品牌，可以提升城市的知名度和美誉度。同时，文化创新也能激发城市的创造力和活力，为城市的可持续发展提供源源不断的动力。这里主要强调"重大事件"和"文娱活动"。

（一）重大事件

重大事件为城市更新提供了难得的历史机遇。诸如奥运会、世博会等大型活动，往往成为城市经济、社会、文化、环境结构调整和城市整体更新的契机。首先，这些活动不仅会带来大量的投资和建设，更促进了城市基础设施的完善、人居环境的改善和城市形象的提升。其次，这些活动也吸引了全球的目光，为城市的发展带来了更广阔的国际视野和合作机会。这些活动往往能够引发广泛的社会关注和参与，从而形成强大的社会动员力。这种动员力不仅有助于推动城市更新的顺利实施，更能够激发市民的参与热情和创

---

① 刘军伟，张雯雯，叶青.由休闲商业街谈上海城市休闲空间更新发展——基于上海虹梅路休闲街的实地调查[J].消费导刊，2007（9）：2.

新精神，形成推动城市发展的强大合力。此外，还能够促进城市空间的优化和特色塑造。

比如，2023年在杭州举办的"两个亚运"。这一事件，对于一个城市来说不仅是一次体育盛会，也是城市发展的一次重大机遇。从2015年申办亚运会成功到圆满举办，杭州的城市框架、空间结构都有了新的发展，其中地铁建设方面，从3条线到12条线，运营里程从81.5公里到516公里，位居全国第六，创下中国地铁建设速度新纪录。其间，还将临安撤市设区，完成新一轮行政区划优化调整，跃升为长三角市区陆域面积最大的城市。这一行为，解决了区域空间不协调、产业布局不合理、人口密度不均衡、空间规划不协同等问题。此外，亚运会筹办过程中新建场馆12个、改造场馆26个、续建场馆9个、临建场馆9个，拉动了全民对运动的热情。不仅如此，数百个公园散落在城市各处，城市的"边角余料"成为全民健身的"金角银边"，使杭州体育人口占总人口比重达46%，达到了发达国家上游水平[①]。

"两个亚运"的成功举办，不仅提升了杭州在国际舞台上的能见度，还为城市能级的跃升提供了加速度，成为加快高质量发展的推动力、生产力。

（二）文娱活动

2023年7月，《国务院办公厅转发国家发展改革委关于恢复和扩大消费措施的通知》明确指出，丰富文旅消费，促进文娱体育会展消费。业内人士认为，这意味着，在国家政策层面，也支持各地开展演出活动，促进文娱消费。

在政策的积极引导和消费需求的强劲推动下，全国演出市场体系正逐步健全，产业规模不断扩大，经济效益稳步提高，为恢复和扩大消费，特别是拉动文旅消费方面，发挥了举足轻重的作用。此外，演出活动还能在短时间内汇聚大量人流，推动文化产业升级、文化业态多元化发展，并带动城市

[①] 浙江日报.杭州亚运会启示录之五：杭州，飞向国际名城[EB/OL].[2023-10-14]. https：//baijiahao.baidu.com/s?id=1779687236003294159&wfr=spider&for=pc.

服务行业的兴盛，从而塑造出全新的文化消费场景与模式。

以湖北省荆门市为例，为推动文化旅游产业实现高质量发展，该地出台了相应的政策措施，积极鼓励举办各类赛事活动。对于在荆门市举办的戏剧节、音乐节、艺术节、动漫节、演唱会等大型文化活动，将根据活动所吸引的参赛者、观众、游客数量，给予一次性补贴，补贴金额分别为30万元、50万元和100万元。此举不仅展现了地方政府在推动演出市场繁荣发展、规范演出活动管理、促进文化旅游产业融合等方面的积极作为，同时也旨在通过政策引导，提升演出市场的规范化水平，激发市场活力，进一步推动文化旅游业的发展，为地方经济增长注入新的动力。

为提升城市的知名度和曝光度，厦门、扬州、南宁等城市积极利用明星效应，致力于打造"网红之城"。为此，这些城市纷纷推出了一系列优惠政策，包括减免场地租金、实施税收优惠以及加快审批流程等，为各类演出活动提供了极大的便利与支持。通过这些措施，演出活动已成为推动文旅消费复苏、提升城市美誉度的关键举措之一。同时，地方政府也通过实施这些优惠政策，成功吸引了更多人流，为城市的发展注入了新的活力。

三、社会关系驱动

城市更新作为现代社会发展的核心组成部分，其重要性不仅在于对物理空间的改造与提升，更在于对社会关系的深度调整与重塑。

首先，社会关系是指在生产、交换、消费与分配等各环节中，人们所形成的错综复杂、相互交织的联系与互动。在城市更新过程中，这种社会关系不仅表现为政府、企业、居民等多方主体间的合作与竞争关系，更涵盖了不同社会阶层、不同文化背景人群间的交流与融合。这些社会关系共同构成了城市更新的社会基石，是推动城市持续健康发展的重要力量。

其次，社会关系对城市更新发展的驱动作用体现在多个层面。一方面，政府通过制定科学的政策导向与规划调控措施，确保了城市更新的有序进行。作为城市更新的主导者，政府通过引导社会资本投入、优化城市空间布局、提升城市品质等手段，为城市更新提供了有力的政策保障。另一方面，企业作为城市更新的重要参与者，通过技术创新与产业升级，为城市经济的持续发展注入了新的活力。企业在城市更新中扮演着关键角色，通过投资建设、运营管理等方式，为城市带来了更多的就业机会与经济效益。此外，居民作为城市更新的直接受益者，其积极参与和反馈对于推动城市更新的不断完善与优化具有重要意义。居民的满意度与幸福感是衡量城市更新成功与否的重要指标，居民的积极参与和反馈有助于城市更新更加贴近民生需求，实现城市的可持续发展。

比如，上海江苏路街道在愚园路推进的社区更新计划中采取了一系列措施，解决社区居民人口单一、功能单一、配套不足的问题。在更新过程中利用"熟人社会"的天然优势，通过社区营造，吸引青年人集聚，传承社区文化并形成包容性的社会空间[①]。

为让浙江省成为有温情、有组织、有凝聚力的"熟人社会"，主要从三方面着手：一是加强未来社区建设，通过未来社区邻里场景及教育、健康、创业、服务、文化等场景的打造，为城市基层治理搭建好空间平台及治理平台；二是设立"浙江睦邻节"，促进"熟人社会"的建设，以睦邻节为纽带开展邻里睦邻交往、活跃社区活动、增进邻里感情、丰富社区文化、激发慈善爱心、加强社区组织建设，促进"熟人社会"的建设以助力城市社区治理；三是借助数字化改革及数字化手段强化城市"熟人社会"的建设，通过智慧社区建设及邻里互助小程序等技术手段，促进邻里交往，增加邻里温情，纾解邻里矛盾，改善城市社区治理，打造具有浙江标识度的城市基层治理现代化模式[②]。

---

① 薄宏涛.存量时代下工业遗存更新的策略与路径[M].南京：东南大学出版社，2021.

② 浙江日报.省城乡规划设计研究院院长陈桂秋：促进"熟人社会"建设 助力城市基层治理现代化[EB/OL].[2022-05-12].https://baijiahao.baidu.com/s?id=1732546495566369216&wfr=spider&for=pc.

四、科技驱动

习近平总书记在浙江省杭州城市大脑运营指挥中心考察时指出，运用大数据、云计算、区块链、人工智能等前沿技术推动城市管理手段、管理模式、管理理念创新，从数字化到智能化再到智慧化，让城市更聪明一些、更智慧一些，是推动城市治理体系和治理能力现代化的必由之路。应运用大数据、云计算、区块链、人工智能等前沿技术推动城市规划、建设、管理、运营全生命周期智能化，构建智慧城市，实现"科技让生活更美好"的目标。

（一）重要领域

一是建筑设计与施工技术。

随着我国现代化建设的持续推进，城市建筑改造工作已成为现代化建设的重要任务，其结合具体的工程项目概况采取合理的措施进行，不断引入现代化的技术和设计，以满足城市更新中工程建设的需求。创新的建筑设计与施工技术可以提高建筑品质，缩短施工周期，降低成本，为城市更新提供有力支持。

当前，随着城市更新和转型的发展，旧工业建筑空间正在逐步转化为具有文化创意的产业空间，主要针对原有建筑功能调整、原有结构改动和重新整合城市内部资源，以提高城市的品质和文化价值。但在发展现代化城市的过程中，也会受到一些因素的影响。

住房和城乡建设部党组书记、部长倪虹在2022—2023年中国城市规划年会上强调，在进入城市更新时期，推动城市高质量发展，需要把真功夫放到城市设计、建筑设计上。要完善城市设计管理制度，明确对建筑、小区、社区、街区、城市不同尺度的设计要求，规范和引导城市更新项目实施。要探索优化适用于存量更新改造的建设工程许可制度和技术措施，构建建设工程设计、施工、验收、运维全生命周期管理制度。

二是节能与环保技术。

为实现绿色发展的要求，在城市更新中应不断提升低碳环保技术，更加重视城市生态文明建设。城市更新中的低碳环保技术主要是指生态修复技术和环境治理技术以及推广绿色建筑、绿色能源等技术，降低城市能耗，减少环境污染，实现城市可持续发展。

当前，基于城市规划现状，城市更新在实施规划中始终坚持以绿色环保的理念来实现可持续发展，在建设过程中要维护城市的生态环境，保护城市的生态资源，促进城市健康可持续发展，满足人们对生活环境日益提高的需求。在城市更新规划中，综合考虑城市中建筑、产业、车辆、人流等因素造成的空气质量问题，构建低碳环保的绿化系统、交通系统、资源系统、信息系统等，在每个承载着厚重的历史文化的城市，兼顾绿色环保的发展要求，采取简单、方便的更新建设方式，在保持城市原有文化底蕴的同时，践行绿色环保理念①。

住房和城乡建设部党组书记、部长倪虹表示城市是建设美丽中国的重要阵地，绿色低碳理念应当贯穿城市建设全过程。要持续推进城市供水安全保障、海绵城市建设、城市内涝治理，推动公园绿地开放共享，更好地满足市民群众休闲游憩、亲近自然的需求。要一体推进绿色建材、绿色建造、绿色建筑，全面促进建筑领域节能降碳。要加快补齐污水收集处理设施短板，提高城市排水防涝能力，大力整治县级城市黑臭水体，还百姓以清水绿岸、鱼翔浅底。要持之以恒抓好垃圾分类，推动垃圾分类成为低碳生活新时尚。

城市更新过程中，绿色科技创新对于改善城市生态环境具有重要意义。通过绿色建筑、节能减排、废弃物资源化利用等技术，提高城市的绿色生态水平，实现城市可持续发展。同时，在城市绿化、水资源利用、污染治理等方面发挥着重要作用，为城市更新提供有力支撑。

三是信息与通信技术。

---

① 黄旭东.低碳视角下城市更新规划策略研究[J].城市建筑空间，2022，29（6）：154-156.

通过聚焦信息与通信技术，实现城市管理的智能化、便捷化、人性化。CIM技术、地理信息系统、遥感技术、大数据、云计算、物联网、5G、人工智能等高新技术在城市交通、公共服务、安全管理等方面的应用，为城市居民提供更加高效、便捷、安全的生活环境。科技创新助力智慧城市发展，提升城市更新品质。

2022年9月，住房和城乡建设部为充分运用新一代信息技术，印发了《"十四五"住房和城乡建设信息化规划》（以下简称《规划》）。《规划》指出，加快提升住房和城乡建设领域整体信息化水平，是实现城市治理现代化的必然途径，是推动住房和城乡建设行业促改革、调结构、惠民生的重要手段，也是住建全系统认真落实数字中国、数字政府战略部署的积极举措。《规划》以新技术赋能"新城建"，以"新城建"对接"新基建"，深化BIM、CIM技术在住房和城乡建设领域的全面应用，构建大数据慧治、大系统共治、大服务惠民的数字住建体系，推动住房和城乡建设信息化取得跨越式发展。为夯实信息化基础设施建设，《规划》对建设数字住建数据中心和CIM平台，提出了具体要求，明确了职责分工。其中CIM平台是智慧城市建设的重要支撑，在规划中明确提出了要加快推进CIM基础平台建设，深化CIM+应用，构建部、省、市三级CIM平台互联互通体系。

在城市更新中，CIM技术是建设智慧城市的关键载体，是打造数字孪生城市的核心技术。主要以城市信息数据为基数，建立三维城市空间模型和城市信息的有机综合体。从范围上讲是大场景的GIS数据、小场景的BIM数据、物联网三者之间的有机结合。其中，以GIS作为所有数据的承载，作为所有数据融合的功能性平台，同时加入新的内涵；BIM数据，就是城市单体、城市细胞的数据；还有一部分物联网，它能够给CIM平台带来实时呈现，呈现客观世界所有的状态[①]。

---

① 汪科，季珏，王梓豪，等.城市更新背景下基于CIM的新型智慧城市建设和应用初探[J].建设科技，2021（6）：4.

(二)推进策略

1. 引入先进技术，强化科技创新驱动

当前，城市更新已进入高质量发展阶段，城市经济增长从要素驱动、投资驱动转向科技创新驱动、文化驱动，文化、人才、知识、技术、数据等要素成为新的决定性要素。变革城市更新模式，需要遵循"创新第一动力"的空间规定性，由于提升科技创新是推进城市发展的内生动力，因此强化科技创新赋能城市更新。

智能建造与智慧运维，促进建筑业与信息产业融合，提高建筑工业化、数字化、智能化水平，推进市政公用设施物联网应用和智能化改造，提升建筑与市政公用设施系统协同管控能力，保障设施供给安全，提升城市运维效率[①]。其主要做法包括：

一是研发工业化建造与智能建造软件装备，研发建筑产业互联网关键技术、智能化工程机械、建筑机器人装备及人机协同作业系统，研究全产业链技术标准体系。

二是使用高性能土木工程材料与结构体系，使用可持续及环境友好型土木工程材料，构建适应复杂需求和严苛环境的新型结构体系，提高适应工业化与智能建造的新型建筑结构体系与关键技术。

三是智慧运维，使用公共服务数据治理与数字孪生技术，研究建筑、交通枢纽与市政公用设施智慧运维关键技术装备，构建全场景智能监测预警和综合运维服务平台，开展智慧区域综合示范[②]。

2. 构建产业生态圈，促进产业集聚

在城市更新过程中，构建城市更新产业生态圈，促进产业集聚，对于推动城市经济发展、提升城市品质、满足人民群众美好生活需要具有重要意义。

① 本刊编辑部.探索智慧运维发展新格局[J].中国建设信息化，2023（6）：36-37.

② 光明网.以科技赋能城市更新[EB/OL].[2023-11-29].https://difang.gmw.cn/2023-11-29/content_36997353.htm.

一是通过整合各类产业资源，加强产业链上下游企业之间的合作，形成完整的产业生态系统，提高整个产业链的竞争力。同时，产业集聚有助于吸引更多的投资和企业入驻，进一步推动城市经济发展。

二是在产业集聚过程中，企业之间可以实现技术、人才、信息等资源的共享，降低创新成本，提高创新效率。此外，产业生态圈内的企业可以相互合作，共同开展研发、生产、销售等环节，形成创新链条，提高整体创新能力。

三是通过引导产业集聚，可以合理安排城市产业发展方向，促进产业结构调整，使城市空间布局更加合理。同时，产业集聚有助于推动城市基础设施建设，提升城市公共服务水平，为居民创造更好的生活环境。

四是产业集聚可以促进资源的高效利用，降低能源消耗和环境污染。位于产业生态圈内的企业可以共同进行绿色发展，推动绿色技术创新，为实现城市绿色发展提供有力支撑。

3. 加强城市更新中的应用开发

067

2022年1月，发布《国务院关于印发"十四五"数字经济发展规划的通知》，明确数字经济发展的目标、战略和重点任务，为城市数字化建设提供指导。并强调推动新型智慧城市与数字乡村建设协同发展，共同优化城乡公共服务体系。深化新型智慧城市发展战略，促进城市数据整合与业务协同，提升城市综合管理服务能力，完善城市信息模型平台与运行管理服务平台，根据实际情况构建数字孪生城市。加速城市智能设施向农村地区延伸覆盖，优化农村信息化服务供给，促进城乡要素双向自由流动，合理配置公共资源，形成城市带动农村、共建共享的数字城乡融合发展格局。建立健全城乡常住人口动态统计发布机制，借助数字化手段助力提升城乡基本公共服务水平[①]。

2022年6月，《国务院关于加强数字政府建设的指导意见》（以下简称《指

---

① 戈晶晶.城乡融合发展离不开数字化[J].中国信息界，2022（4）：3.

导意见》）指出要强化系统观念，健全科学规范的数字政府建设制度体系，依法依规促进数据高效共享和有序开发利用，统筹推进技术融合、业务融合、数据融合，提升跨层级、跨地域、跨系统、跨部门、跨业务的协同管理和服务水平。《指导意见》提出要加强新型数字基础设施建设，推动数字经济高质量发展。

2023年10月，浙江省住房和城乡建设厅发布《浙江省城市信息模型（CIM）基础平台技术导则（试行）》，旨在规范CIM平台的技术要求，提高城市信息化建设水平，为城市规划、设计、建设、管理提供技术指导，并围绕城市体检、城市更新两大主体进行数据标准衔接和功能模块开发。

另外，宁波市鄞州区"数改助力城市体检"构建城市更新系列工作机制，开展片区级城市体检，创新构建"片区体检评估—片区更新策划—建后绩效评估"的技术文件体系、流程衔接体系，进一步明确城市更新项目库，并用城市体检的数据和结论验证更新方向和更新项目的必要性、合理性。温州市洞头区CIM平台应用（全省工程档案全过程归集服务应用场景数字化改革试点）推动城市更新，探索海岛存量资源有机更新的新模式。

第七章　探索城市更新的政策机制

城市更新的政策机制是确保更新工作有序、高效推进的关键。但在过去的城市更新实践中，依然面临着诸多挑战，诸如政策体系不完善、利益分配不合理、实施机制不顺畅等。因此，为了保障城市更新顺利进行，需要创新城市更新机制，完善政策体系，构建一个科学、合理、有序的城市更新格局。

一、研究出台相关政策，加强顶层设计

2021年住房和城乡建设部副部长黄艳在四川成都召开的2020—2021中国城市规划年会上表示，我国将推进中央层面城市更新政策文件起草出台，研究制定城市更新相关法规条例，加强城市更新的顶层设计。

一是建立"省级—市级—县级—片区策划—项目实施"规划设计传导技术体系。坚持"一张蓝图"绘到底，将城市更新全面融入国土空间规划体系。在省级以上总体规划中，重点关注城市更新的总体原则，明确关于存量盘活、空间优化和节约集约利用的总体要求[①]。市级专项规划侧重于城市更新的重点区域、主要类型和规划对策。县级专项规划则从特色性和传导性层面出发，结合辖区资源特点、发展定位和问题短板，明确更新重点任务

---

① 徐小黎，安谐彬. "多规合一"背景下的城市更新思考与建议[J].中国土地，2023（9）：4-8.

和公共要素底线要求，将市级专项规划细化落实。片区（单元）策划负责向上对接控规，向下指导项目实施。在统筹性和落地性层面，对片区内存量用地的功能、强度、设施、资金等进行统筹安排，谋划生成更新项目，突出精细化城市设计引导，明确近期实施单元的土地、规划、资金等要素保障，并提出控制性详细规划的优化调整建议。项目实施方案从可行性和长效性层面出发，明确具体项目更新方式、投融资模式、规划设计、建设运营、资金平衡、社会稳定风险评估等全生命周期安排。在片区策划与项目实施之间，制定一个控制性详细规划体系。《宁波市城市更新办法》明确提出，片区策划、城市设计不能取代法定详细规划，但相关研究结论将作为确定详细规划相关规划指标和管控要求的参考依据。

二是出台城市设计导则和技术管理制度。2017年，住房和城乡建设部出台《城市设计管理办法》，分两批在57个城市进行试点，2024年为推动城市高质量发展对《城市设计管理办法》进行了修订。2021年自然资源部出台《国土空间规划城市设计指南》，明确城市设计与"五级三类"国土空间规划体系衔接的方式和方法。我国各地在城市设计制度建设方面也进行了许多有益探索，构建了各具特色的城市设计管控体系制度。以上海、广州、深圳为代表的城市，通过控制性详细规划与城市设计进行管控；以北京为代表的城市，控制性详细规划向上统筹，城市设计通过综合实施方案的方式向下管控建设；以宁波、衢州、宜昌为代表的城市，将城市设计成果作为城市建设的主导依据，成为指导开发建设的法定规划管理文件；以天津、青岛、济南为代表的城市，将城市设计的指引要求纳入项目审批流程。

顶层设计是城市更新的重要环节，它需要在顺应城市发展规律的基础上，通过强调在不同层次上不断提升城市经济能级、激发城市生产力和创造力，通过完善城市功能的方式提升城市公共空间品质和服务能力，通过挖掘与保护城市历史文化遗产的方式推动文化繁荣与文化创新，通过持续保障城市公平正义和化解城市冲突的方式来维护社会和谐发展，以及通过坚持绿色可持续发展的方式保障城市的有序、安全和韧性。城市有机更新也相应对社会治理模式转型提出了更高的要求。由此，规划师、建筑师所进行的传统规划设计工作只是打造高品质生活空间的起点。为了实现城市有机更新，需要将传统的建设前的规划设计工作延伸至城市开发、管理、运维等全过程，对设计对象的全生命周期发展进行预判，并对发展过程中可能遇到的各种问题进行思考和回应[①]。

在2023年全国两会上，全国政协委员、厦门市副市长张志红提交的提案中，重点关注了我国城市更新的顶层制度设计优化，并提出要加强城市更新顶层设计和制度保障，希望能从国家层面推动城市更新的立法，进一步完善城市更新相关的金融、规章制度、标准等方面的政策体系，推动城市更新有序发展[②]。这进一步强调了城市更新中顶层设计的重要性。

另外，政策体系是政府对城市更新进行引导和调控的重要手段。主要表现包括以下几个方面：一是规划政策，明确城市更新的目标、范围和时序，确保更新规划与城市总体规划、土地利用规划等相互衔接；二是土地政策，合理确定土地使用权出让金、租赁费等土地收益分配方式，保障政府和居民合法权益；三是财政政策，加大对城市更新的财政支持力度，引导社会资本参与更新项目；四是住房政策，规范租赁市场，提高住房保障水平；五是社会保障政策，妥善安置拆迁居民，保障其基本生活水平不降低。

截至2023年，我国从国家到地方，城市更新政策相继出台。各地区积极创新城市更新实施方式，累计颁布城市更新条例、指导意见、管理办法、专项规划及操作细则等逾200项。通过健全支持城市更新的政策措施，逐步实践政府引导、市场运作、公众参与的可持续更新模式。

---

① 伍江.城市有机更新的三个维度[J].中国科学：技术科学，2023，53（5）：714.
② 张志红.全国政协委员张志红：加强城市更新的顶层设计和制度保障[J].中国勘察设计，2023（3）：21.

二、建立统筹谋划机制，强化组织领导

目前，城市有机更新涉及多元的利益主体和复杂的利益关系，可以通过借鉴当前部分城市的有机更新成功经验，研究设置城市更新专职管理机构，通过专职管理机构整合部门政策、协调部门利益，提高办事效率和政策执行力。同时，梳理城市有机更新管理程序。从体检评估、设计规划、编制方案、投资建设、项目管理等方面，理顺整个更新项目的流程，合理简化审批流程，推进城市更新项目顺利开展，优化项目精细化设计方法，强化空间整合、专业统筹和时序衔接，利用信息化、数字化、智能化等新技术推动城市更新信息化系统建设。

北京市加强工作统筹和督查考核。在市委城市工作委员会下设城市更新专项小组，市委书记亲自谋划，市委副书记、市长任组长，小组内设有推动实施、规划政策、资金支持3个工作专班，负责部署年度重点工作，协调支持政策，督促工作落实。

重庆市统筹谋划城市更新制度、机制和政策。出台《重庆市城市更新管理办法》，明确城市更新的工作原则、工作机制、规划计划编制、项目实施等制度要求，针对城市更新多渠道筹资、土地协议出让、产权转移、产业升级、项目一体化开发运营等提出相关支持政策。

湖南省长沙市将城市体检和城市更新紧密衔接。坚持"无体检不项目，无体检不更新"，采取"六步工作法"，开展城市体检、完善组织机制、编制规划计划、分类实施更新、实施动态监测、发布宜居指数，将城市体检作为城市更新项目实施的立项前置条件，对症下药治理"城市病"。

江苏省南京市建立城市更新规划编制和实施工作体系。探索全链条城市更新项目实施体系。构建"单元规划—体检评估—城市设计—特色片区—计划储备—方案设计—项目实施—监督管理—常态运营"实施体系，整体谋划、系统推进城市更新。

浙江省宁波市成立城市更新（城市体检）工作领导小组办公室统筹城市更新工作；嘉兴市发布《嘉兴市城市更新管理办法》，明确工作机制、规划体系、实施流程和支持政策，并成立了由分管市领导挂帅的城市更新工作领导小组。

因此，各级政府部门高度重视城市更新工作，将其纳入重点工作议程，明确目标任务、时间表和路线图。相关负责人亲自抓、具体抓，确保项目推进有力、政策落实到位。同时，要加强队伍建设，选拔一批专业化、高素质的城市更新人才，为工作推进提供有力支撑。

三、优化完善实施机制，突出底线管控

优化城市更新的实施机制是确保工作质量和目标实现的关键环节。通过加强底线管控，确保城市更新是一个公平、透明和可持续的过程。不仅有助于减少混乱和不公平现象，而且能够提高资源利用效率，促进社区和谐共生。

073

在城市化初期，城市更新主要强调从规划、拆除、设计到建设完工的一次性过程。但是，在新时代背景下的城市更新，不再满足于"一次性"的大规模建设，而愈发注重空间品质与生活品质的持续提升。城市有机更新将宏观指导与微观把控相结合，形成一个循环往复的全周期过程，涵盖制度设计、规划实施和运维管理等各个环节。

其中，在实施管理方面，城市有机更新不仅关注规划实施，还注重构建保障日常运维和信息开放的平台。首先，强调持续性、不间断的常态化过程，如何推行具有连续性的规划实施、构建具有保障性的日常运维和开放性的信息平台是核心。其次，在协调新建空间与既有建成环境关系时，平台起着重要作用，具体体现在：①突破以机动车交通为核心的传统规划局限，搭建全要素精细化规划设计体系；②弥补传统空间规划难以协调普遍性与多样性的不足，建立"总则—通则—分册"的规划技术框架；③解决多元

主体规划决策情境下的思想不统一、信息不对称、依据不充分问题，打造"总规划师"制度主导下的多元协同规划平台[①]。

四、健全投融资机制，形成多元投资渠道

城市更新原有的投融资渠道主要以直接投资、发行债券、授权国企、税收融资等方式为主，且与传统的房地产开发使用相同的金融支持体系。因此，原有的投融资模式早已无法满足城市更新改造项目的融资需求，为减少融资问题对城市更新的制约，针对多元化城市更新的参与调整投融资模式，构建新的适应性发展的投融资机制是十分有必要的举措，多元化的投融资模式可以帮助项目获取更多融资来源和机会，也能降低对单一融资渠道的依赖性。

2023年7月，《住房城乡建设部关于扎实有序推进城市更新工作的通知》（建科〔2023〕30号）明确将健全城市更新多元投融资机制，加大财政支持力度，鼓励金融机构在风险可控、商业可持续前提下，提供合理信贷支持，创新市场化投融资模式，完善居民出资分担机制，拓宽城市更新资金渠道。

同时，在"双碳"背景下，城市更新作为一项多领域、跨行业、长周期的工作，不仅需要统筹多方力量，科学、有序地稳步推进，更需要兼顾绿色、可持续发展。我国在城市更新的过程中亟待加强投融资规划，拓宽投融资渠道，在城市物质环境改善基础上，注重引导政府、社会资源和公众参与，从而提高土地利用价值，解决目前的投融资困境，并提出四项建议[②]：

一是优化城市更新项目的边界条件，以提高投资回报和可融资性，确保资金到位和项目落地。二是匹配投融资模式，通过政府投资、专项债、PPP、投资人+EPC、绿色金融和项目基金等合规路径，形成投融资模式

---

① 伍江.城市有机更新的三个维度[J].中国科学：技术科学，2023，53（5）：718.

② 王彤旭.完善金融支持体系 "护航"城市更新[N].中国商报，2023-07-26.

"组合拳"。三是构建回报机制，利用碳达峰、碳中和、新基建等热点，创新商业模式和收益来源，确保法律合规，实现项目外部溢价的回收。四是发挥绿色金融的作用，引导资金流向城市更新的各个环节，拓宽投融资渠道，实现资金的良性循环。

五、构建协调发展机制，提升城市能级

城市能级是指城市在经济、社会、文化等多个方面所具备的综合实力和影响力。随着城市化的不断推进，城市能级的大小与变化直接影响着城市的发展方向和竞争力。

要构建科学合理的城市格局，城市群作为统筹空间、规模、产业三大结构的重要平台，是人口大国城镇化的主要空间载体，而我国这样人口众多、土地资源有限的国家，更要坚定不移地以城市群、都市圈为依托构建大中小城市协调发展格局。

全国范围内，大中小城市和小城镇、城市群应科学布局，与区域经济发展和产业布局紧密衔接，适应资源环境承载能力 [①]。有必要建立城市群发展协调机制，以城市群为平台，推动跨区域城市间产业分工、基础设施、生态保护、环境治理等协调联动，消除行政壁垒和市场分割，促进生产要素自由流动和优化配置。同时，优化提升东部城市群，合理控制大城市规模；在中西部和东北有条件的地区逐步发展形成若干城市群，促进边疆中心城市、口岸城市联动发展，形成带动区域经济发展和对外开放的新增长极。

同时，要按照推进主体功能区的要求，着力构建与我国国情相符合的城市空间格局，并对城镇化总体布局作了安排，提出了"两横三纵"的城镇化战略格局，这是全局、大局，要一张蓝图干到底，不要"翻烧饼"。各地

---

① 郭理桥.中外精英荟萃"把"行业发展脉搏——我国智慧城市发展现状[J].智能建筑，2013（7）：3.

区应坚定不移实施主体功能区制度，严格按照主体功能区定位推动发展和推进城镇化。各城市要根据城市资源禀赋，立足发展定位和方向，培育发展各具特色的城市产业体系，强化城市间专业化分工协作、大中小城市和小城镇产业协作协同，逐步形成横向错位发展、纵向分工协作的发展格局，做好区域协调发展"一盘棋"。

此外，人口群体的差异也是影响城市能级的重要因素。不同年龄段、不同职业背景、不同收入水平的人口群体在城市中的需求和贡献各不相同，应针对不同人口群体的需求和特点，制定针对性的政策和措施，以提升城市的人口吸引力和社会凝聚力。

比如，2021年武汉市人民政府对城市能级和品质"双提升"工作进行专题部署，并发布《市人民政府关于进一步提升城市能级和城市品质的实施意见》（武政〔2021〕13号），明确突出"主城做优"，推进汉口沿江、中央商务区、汉正街、四新国博、武昌滨江、青山滨江、杨春湖等功能区建设，提升高端要素、优质产业、核心功能、规模人口的集聚承载能力，打造国家中心城市"主中心"；推进"四副做强"，培育发展光谷科创大走廊、长江新区科教城、五大产业基地，完善公共服务和基础设施布局，增强人口集聚能力，打造高质量发展重要引擎；促进城乡一体融合发展，加快实施"擦亮小城镇"行动，带动地铁小镇、生态小镇等特色功能单元综合开发，打造新型城镇化和乡村振兴"武汉样板"。

第八章 探索城市更新的路径

探索城市更新的路径是一个从"留改拆"到微更新再到点线面结合的演进过程。城市更新之初,注重历史文化保护,通过保留和修复古建筑、街区,传承城市记忆;随后,重视城市功能改造,拆除老旧设施,更新基础设施和公共服务;进入微更新阶段,侧重于细节改善和提升,如街道景观、交通便利性;最终,采用点线面结合的治理模式,通过项目实施、政策支持和整体战略,实现城市的全面升级和可持续发展,确保经济、社会和环境三方面的平衡发展。

一、从"拆改留"提升为"留改拆"

2021年,为履行"碳达峰、碳中和"的庄严承诺,《国务院关于印发2030年前碳达峰行动方案的通知》(国发〔2021〕23号),提出城市更新要落实绿色低碳要求,推动建立以绿色低碳为导向的城乡规划建设管理机制,制定建筑拆除管理办法,杜绝大拆大建。在此基础上,住房和城乡建设部进一步发文提出城市更新要"以内涵集约、绿色低碳发展为路径""转变城市开发建设方式,坚持'留改拆'并举、以保留提升为主""实现建筑垃圾减量化"等要求。这一系列国家政策文件从"城市更新""碳达峰、碳中和"两个层面,宣告了过去"拆"字当头、"大拆大建"城市发展建设模式的终结,代之以"留"优先、"留改拆"并举的新时代低碳城市更新建设模式①。但防止大拆大建并不意味着不要拆除重建，而是要在城市更新实施前对拟开展更新区域的既有建筑状况进行评测，明确应保留保护的建筑清单，同时鉴别危房且无修缮保留价值的房屋。

《山东省城乡建设领域碳达峰实施方案》(以下简称《实施方案》)，明确了城乡建设领域节能减碳的工作目标和重点任务。一是推进绿色低碳城市建设，包括优化城市功能布局、建设绿色低碳社区和住宅、提升城镇基础设施效率、增强城市绿化碳汇能力。二是统筹绿色低碳县城和乡村建设，推进县城绿色低碳建设、绿色宜居乡村建设，推广绿色低碳农房、调整农房用能结构。三是提升建筑全链条绿色低碳发展水平，全面推广绿色节能建筑、提升既有建筑能效、优化建筑用能结构、提升运维水平、推广绿色低碳建造方式、应用绿色低碳建材。

根据《实施方案》，在优化城市功能布局方面，要求统筹地上地下空间开发，严控新建超高层建筑，开展城市更新行动，推动"拆改留"向"留改拆"转变，避免大规模成片拆除建筑。在绿色低碳社区建设方面，到2030年，将全省各设区市完整居住社区覆盖率提至60%以上。推进老旧小区改造，2025年完成2000年前建成小区改造，力争基本完成2005年前建成的老旧小区改造，累计改造240万户。提高城镇基础设施效率，2025年新增地下综合管廊120公里，设区市创建节水型城市，实现黑臭水体和雨污合流管网"双清零"，50%以上县(市、区)建成垃圾分类模范县②。

① 张杰，张弓，李旻华.从"拆改留"到"留改拆"——城市更新的低碳实施策略[J].世界建筑，2022(8)：4-9.
② 齐鲁网·闪电新闻.山东稳步开展城市更新行动　推动"拆改留"到"留改拆"转变[EB/OL].[2023-07-10].https://baijiahao.baidu.com/s?id=1771018965874139477&wfr=spider&for=pc.

二、从宏观更新到微更新的层层递进

城市更新，作为现代城市发展的重要策略，经历了从宏观更新到微更新的层层递进。这一进程不仅体现在城市的整体布局和功能上，更深入城市生活的方方面面，包括公共设施、公共建筑、公共空间以及15分钟生活圈等多个层面。

（一）强调公共设施更新

随着城市化进程的加快，人们对于公共服务设施的需求日益增长。因此，政府和相关机构在推进城市更新的过程中，不断加大对公共设施的投资力度，提升服务质量。

财政部办公厅、住房和城乡建设部办公厅发布的《关于开展城市更新示范工作的通知》（财办建〔2024〕24号）明确提出，自2024年起，中央财政创新方式方法，支持部分城市开展城市更新示范工作，重点支持城市基础设施更新改造，进一步完善城市功能、提升城市品质、改善人居环境，推动建立"好社区、好城区"，促进城市基础设施建设由"有没有"向"好不好"转变，着力解决好人民群众急难愁盼问题，助力城市高质量发展。

《住房城乡建设部关于印发推进建筑和市政基础设施设备更新工作实施方案的通知》中部署各地以大规模设备更新为契机，加快行业领域设施设备补齐短板、升级换代、提质增效，提升设施设备整体水平，满足人民群众高品质生活需要，推动城市高质量发展。

比如，增设图书馆、博物馆、体育场馆等文化体育设施，优化公共交通系统，提升城市供水、供电、供暖等基础设施的运行效率。这些设施的更新不仅满足了人民群众的基本生活需求，也为城市的可持续发展奠定了坚实基础。

重庆市酉阳土家族苗族自治县，将"口袋公园"建设视作推动城市更新的关键举措，积极致力于城市空间的优化与利用。该县充分利用城市街头的边角地带、闲置地块以及河道两岸等空间资源，通过精心规划与布局，成功打造了一系列集休闲与运动功能于一体的"口袋公园"与"体育公园"。此举不仅提升了城市的绿化水平，丰富了市民的休闲生活，同时也为城市的可持续发展注入了新的活力。

（二）重视公共建筑更新

大型公共建筑是城市建筑的重要组成部分，承载着社会经济、交通、医疗、文卫等各类城市主体活动，是城市的重要功能枢纽。建成年代较早的大型公共建筑，经过数十年的服役使用，机电设备老化、功能提升困难、结构存在隐患。针对这些问题，面向大型公共建筑持续利用的更新改造需求越来越普遍。传统的停业改建模式以暂停建筑正常使用为前提，对城市功能运行和社会经济带来负面影响。在此背景下，不间断运营成为大型公共建筑改造的必然选择和核心诉求[①]。

比如，上海虹口区长治路商丘路口的雷士德工学院旧址，经过修复，2021年重回教育科研怀抱。该建筑承载深厚历史与文化，修复工作既改造物质层面，也传承发扬精神层面。修缮后，建筑保留古朴风貌，融入现代设计理念，兼具历史与现代气息。创意机构入驻主楼四层，聚焦设计创新产业，举办创意创新活动，吸引行业精英和创意人才关注，为北外滩区域注入新活力与创新产业驱动力。

同时，一些新型的公共建筑如科技馆、音乐厅等也逐渐崛起，为市民提供了更多元化的文化娱乐选择。这些公共建筑的更新不仅提升了城市的整体形象，也丰富了人民群众的精神文化生活。

2018年9月，发布《住房城乡建设部关于进一步做好城市既有建筑保留

---

① 张波.城市更新背景下大型公共建筑不间断运营改建技术[J].建筑施工，2021，43（11）：2320-2322.

利用和更新改造工作的通知》（建城〔2018〕96号），鼓励各地按照绿色节能要求改造既有公共建筑，提高建筑能效。比如，"光储直柔"是目前国内新兴并高度重视的零碳更新项目之一。以苏州东吴黄金产业园区为例，通过在厂房屋顶布置光伏板，构建直流配电系统和智慧楼宇系统，电能利用率可提高6%，减少了50%的配电变压器容量，实现了新能源100%消纳。该项目创新实现了建筑物的能源生产、消费、储存、调节"四位一体"模式。

（三）突出公共空间更新

《北京市城市更新行动计划（2021—2025年）》强调以街区为单位，统筹城市更新，注重公共空间景观设计，推动市政设施小型化、隐形化、一体化。城市小微公共空间更新的研究日益增多，其更新模式更符合城市发展规律，以民众需求为导向，提升空间品质。

城市小微公共空间的挖潜利用和微更新不仅可以为人们提供更多、更好的物质空间环境，更重要的是，能够有效提升市民对公共空间的归属感并促进邻里关系。城市小微公共空间公众参与式微更新是一个共建、共享和共治的过程，通过精细化社会治理，能够针对性地解决居民日常功能需求被忽视、社区活力不足、共享共治机制缺乏等现状问题。在社会治理视角下，以问题为导向，城市小微公共空间公众参与式微更新的社会治理途径能够有效促进城市社会文化治理、社会需求治理、社会活力治理、网络化治理和机制治理等方面，全面提升精细化城市治理水平[1]。

小微公共空间以多种类型、尺度和功能分布于城市空间，相互关联形成系统，构建城市空间的层次结构。城市小微公共空间的微更新采用渐进式"针灸"方式，从社区到街区，逐步推进多层级的城市更新。

一是小微公共空间在空间尺度缝合和城市公共空间体系建构中起媒介

[1] 侯晓蕾，邹德涵.城市小微公共空间公众参与式微更新途径——以北京微花园为例[J].世界建筑，2023（4）：50-55.

作用。其数量多、选址灵活、尺度小、离散性分布，能结合更多城市功能，为城市可持续发展作贡献，改善城市空间活力和公共空间体系。小微公共空间通过细微变化影响城市肌理，实现空间尺度缝合。

二是小微公共空间积极促进场所营造和微观尺度的日常公共生活。微观的双重性质与物理空间尺寸和建筑学问题尺度相关，也与人的行为、心理和问题效应相关。公共空间质量应以人们感知为标准，小微公共空间与活动行为直接相关，其物质形态、形象表述和功能类型促进人际交往[①]。

(四)构建"15分钟生活圈"

"15分钟生活圈"作为城市更新的新理念，近年来在全球范围内得到了广泛的关注和热议。这一理念的核心思想在于以家为原点，建设能满足日常生活所需、15分钟步行可达的生活圈[②]。

具体而言，"15分钟生活圈"不仅涵盖了购物、餐饮、医疗、教育等基础生活需求，还包含了文化、娱乐、休闲等多种功能。在购物方面，人民群众可以轻松到达附近的商场、超市或便利店，满足日常所需；在餐饮方面，从街头小吃到高档餐厅，各类美食应有尽有；在医疗方面，便捷的医疗服务让人民群众在突发疾病或需要日常保健时，能够迅速得到救治或咨询；在教育方面，无论是幼儿园、小学还是中学，都能让家长们省心省力地接送孩子上下学。

此外，"15分钟生活圈"还强调空间的多元化和人性化设计。例如，在公共空间的设计上，注重绿化和景观的营造，为人民群众提供优美的休闲环境；在交通组织上，优化步行和骑行环境，减少机动车对人民群众生活的影响；在公共服务设施的布局上，充分考虑人民群众的需求和使用习惯，提高设施的可达性和便利性。

---

① 汪丽君，刘荣伶.大城小事·睹微知著——城市小微公共空间的概念解析与研究进展[J].新建筑，2019(3)：104-108.

② 刘婉虹.晋中市中心城区15分钟社区生活圈规划研究[J].建材与装饰，2020(7)：106-107.

通过构建"15分钟生活圈"，城市更新实现了从宏观到微观的全方位提升。从宏观层面来看，这一理念有助于优化城市空间布局，提高土地利用效率，促进城市可持续发展；从微观层面来看，它使得人民群众的生活更加便捷、舒适，提高了人民群众的生活质量和幸福感。

同时，越来越多的实证研究证明了"15分钟生活圈"的有效性。例如，上海市百联集团参与的新华路街道"15分钟生活圈"建设就是一个典型的案例。在实行"15分钟生活圈"的城市中，人民群众的出行距离和时间明显缩短，减少了交通拥堵和碳排放；同时，人民群众的社交活动也更加频繁和丰富，促进了社区的凝聚力和活力。

三、构建"点—线—面"结合的治理模式

构建"点—线—面"结合的治理模式，为城市更新工作提供有力的支持和保障。

"点"作为城市更新的最小单元，是指城市中具体的、需要改造或更新的地块或建筑。这些"点"可能是一栋老旧建筑、一片废弃的工厂区或是一块拥挤的居住区。在城市更新过程中，应注重细节和个性，根据地块或建筑的特点和需求，制定针对性的改造方案。例如，对于老旧建筑，可以通过修缮、加固、功能置换等方式，使其焕发新的生机；对于废弃工厂区，可以进行环境整治、景观改造，将其转化为公共绿地或创意产业园。

"线"作为城市更新的重要脉络，是指城市中连接各个"点"的道路、交通线路或公共空间。这些"线"不仅是城市空间的重要组成部分，也是城市功能、文化、生态等方面的载体。在治理过程中，"线"的优化应着眼于整体性和连贯性，通过改善交通状况、提升公共空间品质等方式，增强城市的可达性和宜居性。比如优化道路交通网络，减少交通拥堵；增设公共休闲设施，提升公共空间的使用率；加强沿线绿化和景观建设，打造绿色生态走廊。

"面"作为城市更新的宏观层面，是指整个城市的空间布局、功能分区和发展战略。在治理时，应注重全局性和前瞻性，从城市整体发展的角度出发，统筹考虑城市更新工作。包括优化城市空间结构、调整功能分区、完善基础设施等方面。例如，可以合理规划城市空间布局，避免过度集中或分散；推动产业转型升级，提升城市核心竞争力；加强生态环境保护，实现可持续发展。

此外，在构建"点—线—面"结合的治理模式时，还应注重：一是加强政府引导和支持，完善相关政策和法规，为城市更新提供有力保障；二是充分发挥市场机制的作用，吸引社会资本参与城市更新项目，提高更新效率和质量；三是注重公众参与社区治理，听取居民意见和建议，确保城市更新工作符合民意和实际需求。

重庆市第六次党代会报告强调"点—线—面"结合是推进重庆城市更新行动的重要举措；同时，强调探索城市更新的可持续发展模式，为城市生活、产业、生态、人文、安全五大功能提供基础支撑。

综合来看，城市更新"点—线—面"结合的治理模式，是通过各层面的协同合作和整合，实现城市可持续发展和居民生活质量全面提升的重要路径和方法论。

Part 3

第三部分

城市更新的
实践论

城市更新的实践应立足于城市更新的认识与方法的探讨，关注典型案例与相关经验的提炼，以期为我国城市更新的未来发展提供有益借鉴。在实践过程中，我们要始终坚持人与自然和谐共生、历史文化传承与创新、民生需求满足等原则，努力实现城市更新的可持续发展。

第九章 城市更新的经验做法

城市更新既要注重顶层设计，又要重视各地的自主创新，在国家政策的统一部署下，各地党政领导高度重视这项重大改革工作，不断探索与突破，创造了许多宝贵经验。这些经验经过检验后上升为地方决策，推动实践向更深层次、更高质量发展。正是因地制宜、因人施策、多元参与、统筹协调，城市更新才能不断取得新的进展。

【国外典型经验】

一、巴塞罗那

巴塞罗那是加泰罗尼亚的港口城市，是享誉世界的地中海风光旅游目的地和世界著名的历史文化名城，也是西班牙最重要的贸易、工业和金融基地。巴塞罗那港是地中海沿岸最大的港口和最大的集装箱集散码头，也是西班牙最大的综合性港口。巴塞罗那气候宜人、风光旖旎、古迹遍布，素有"伊比利亚半岛的明珠"之称，是西班牙最著名的旅游胜地[①]。

从1975年佛朗哥下台后，新政府便开始一系列的城市改造计划，并促使巴塞罗那成为城市更新的杰出典范。

---

① 李坤.巴塞罗那　不灭的加泰罗尼亚精神[J].足球世界，2003（16）：35-36.

城市更新改革趋向与实践探索

（一）城市"微观整治"时期

自20世纪80年代开始，巴塞罗那针对老城环境恶化、人口大量流失、城市失去活力、中低收入群体占57.8%等问题，采用了称为"都市针灸"的城市更新途径——用类似中医针灸疗法，对城市中的关键空间节点进行微更新[①]。

一是激活小型公共空间。

巴塞罗那都市针灸的"穴位"，优先选择了小尺度广场、街道、小公园等公共空间。在短期内改造与新建了上百个不同类型的、富有活力和创造力的城市公共空间，并将这些小尺度的空间连成一个安全、便捷的公共空间网络。在PERI计划（内部特别更新计划）的指导下，老城开发了2个小公园、6个市民中心、26个小广场，改造了308条街巷，90%的规划设施进行了建造，旧城区面貌得到了改善。

二是工业用地功能置换。

进入后工业时代以来，城市中众多工业用地处于废弃状态。规划中提出针对不同形态废弃用地，实行见缝插针式的功能置换，将原有的工业用地转换为城市公共空间。比如，米罗公园改造于1983年，其前身是一座屠宰场广场，在设计中根据原有场地的地势特征，自西向东逐级跌落，三个不同高度的区域在功能上彼此独立。

三是艺术基因重塑城市肌理。

巴塞罗那在对老城区街道、公园和广场的改造中，找准城市特质，就地取材，以"艺术化处理"对小空间进行更新，将艺术基因外化。比如，改造后的兰布拉大街将道路中央约12米宽的公共空间留给了市民和游客。街道上丰富的业态依次排开，街头艺术家比比皆是。其中以艺术雕塑为载体空间量身打造，形成近百个节点的景观，使整个城市的视觉环境都弥漫着艺术

---

① 王向荣.城市微更新[J].风景园林，2018，25（4）：4-5.

的气息与律动，受到了当地居民和世界游客的广泛认可。此外，巴塞罗那每年接待的3000万名游客中，有80%的人都会走过这条大街。

(二)"大事件带动"时期

自20世纪80年代起，巴塞罗那的城市规模开始加速扩张，城市发展迫切需要更大的空间增量。原有的"微观整治"模式难以解决大规模城市扩张下土地更新转型需求[①]。1986年，巴塞罗那赢得第25届奥运会举办权，这一重大事件，对于城市来说不仅是一次体育盛会，也是城市发展的一次重大机遇，更是实现城市更新的一针"强心剂"。"重新塑造城市地中海文化的特质"成为奥运背景下的城市更新目标。

城市更新策略分为前奥运时期"将城市推向海边"，后奥运时期"将城市内部缝合"的两步走，以实现城市永续经营，并提出以下具体策略[②]：

1. 水岸即休闲

从1983年筹备奥运会开始，经过近20年的完善建设，巴塞罗那拥有了自西向东总长4.2千米的滨海步道，沿线分布着不同的休闲内容，成为城市的"休闲旅游走廊"。

2. 消除隔离带

此前的海岸线，被12车道的环城路割裂开与城市的连接。更新规划将割裂感最强的节点改为地下通行，地面改建为步行友好空间，引导行人到达海边。沿线的老建筑进行翻新并注入新业态，9500平方米的区域，餐馆、酒吧等休闲设施散布其中，通过休闲功能植入，赋予旧港区新的城市功能。

3. 老肌理新建筑

方格网状的路网结构是巴塞罗那的城市肌理标志。滨水区更新的奥运村建设方案，采用了三组方格街区组合的格局，使得老城区肌理在此保留延

089

---

① 黄琲斐.巴塞罗那的城市更新[J].建筑学报，2002(5)：57-61.
② 佚名.巴塞罗那：城市更新[J].城市环境设计，2015(9)：26-27.

续。奥运村在奥运会结束后，承担起滨海区度假旅居功能，吸引了大批中产阶级前来居住，至此，城市更新战略真正带动了滨海区复兴。

4. 通过增加市民可使用的绿化面积，加强民众间的互动交流

例如索利达日塔特公园，获得多项欧洲设计大奖。其场地左右两侧是相邻却被城市快速路分割的社区。而其最大的特色也正在于跨越行政辖区，通过公园重建区域间的联系，解决了社区割裂问题。

5. 通过文化公共设施缝合城市内部的联系

老城区新建了巴塞罗那当代美术馆、航海博物馆、加泰罗尼亚大剧院等文化场馆。

（三）"形象带动内容"时期

2000年至今，科技回归都市，从旧工业区到知识创新区——22@巴塞罗那创新城区项目[①]。该项目洞察到知识经济崛起，创新回归都市的趋势，打造出世界第一个创新经济区，通过功能混合，孵化创新小环境。1965年以前，波布雷诺工业带是城市的工业中心，有着"加泰罗尼亚的曼彻斯特"之称。随着工业的衰败，区域内关闭了1300多家工厂，出现严重的城市空心化。

2000年"波里诺（Poble Nou）地区改造计划"（MMPG）出台，以城市更新为抓手，聚集信息技术、媒体、生物医药、能源领域，驱动科技创新的计划在此实施，并提出以下具体策略：

1. 功能混合

22@巴塞罗那创新城区的改造中借助方格路网特性，将单个街区作为基础"创新单元"，通过多元混合的功能设计，满足创新人才交流频繁的需求。以荣誉广场的新媒体园区为例：园区创新区域集中在Media-ITC大楼、

[①] 刘冰莹，梁浩扬，童磊. 22@巴塞罗那发展创新城区的实践及启示[J].建筑与文化，2019（7）：83-84.

TMC 总部大楼和 CAC 大楼；另外 20% 的土地用于提供配套住宅，以及酒店、餐饮等服务业。在环境打造中，10% 的土地用于绿地建设，分级打造公园、小广场、街道等公共空间，为创新人群营造舒适的交流环境。建筑改造提升了建筑密度指标，由原本稀疏的厂区面貌，改头换面为"科技都市"形象。

2. 建筑分级保护，留住历史融入现代

依据受保护程度将旧建筑分为 A、B、C、D 级，其中 A 级保护建筑维持不变；B 级和 C 级允许部分拆除、扩建及重组内部功能；D 级保护建筑允许拆除，但必须保留其详尽的历史信息记录。区域内多为 B、C 级保护建筑，改造在适当保留的基础上，鼓励形式创新，以塑造创新城区"科技形象"。

3. 老功能保留延展

老功能与"酷形态"结合，成为城市特色旅游目的地。如今的 22@巴塞罗那创新城区人口近 10 万人，公司数量增长 105.5%，每年创造 89 亿欧元的经济价值，微软、赛诺菲 - 安万特制药集团、施耐德电气、英德拉等各行业的龙头企业入驻；9 所科技研发中心在此建立；庞培法布拉大学、巴塞罗那大学、加泰罗尼亚理工大学等高校在此设立机构，22@巴塞罗那创新城区成功从旧工业区转型为科技创新区。

从"微观整治"到"大事件带动"，再到"形象带动内容"，巴塞罗那的"城市更新三部曲"，抓住了新政策出台、举办奥运会、知识经济转型的三次城市发展机遇。而在更新策略的选择上，之所以能够获得成功，则是抓住了人群回归的不同需求，即市民、游客、科技人群。如今，经验满满的巴塞罗那，提出了"荣耀广场再更新计划"，提出将原有立体交通拆除，建设地下交通，改造后将直接转化 37.8 万平方米的土地储备，增加 1.7 万平方米的绿地空间，实现城市更绿、更宜居的目标 [1]。

091

---

① 徐云凡. 城市更新之巴塞罗那的实践[J]. 城乡建设，2021（1）：71-73.

二、伦敦^①

伦敦是欧洲最大的经济中心，是世界最具活力的城市之一。近三百多年来，英国伦敦城市规模得到了翻天覆地的变化，它由最初不足几十平方公里的地域面积、不足几万人口规模的村庄，发展为城镇，再进一步拓展为小城市、大城市，最后演变为如今的国际大都市^②。

（一）思想主张不断转变

一是"田园城市"思想。

1898年，规划师霍华德即对伦敦的城市发展提出了新的构想。构想中伦敦被规划为内圈和外围各圈，内圈为中心城市，设有行政中心、产业集聚区、文化功能区、医疗服务区、居住区及各种服务业聚集区等，外围各圈由不同种类的田园城市所组成，包括工厂、牧场、市场、煤场、木材场、奶场和仓库等。实质上是城市与乡村的结合，兼有城市和乡村的优点，从这一构想出发，伦敦的规划发展深受"朝着为健康、生活和产业而设计的城市布局发展"理念的影响，在避免城市的恶性膨胀、无限扩展和土地投机等方面获益匪浅。

二是"卫星城市"概念。

针对伦敦城市发展过程中工业和人口的过度聚集问题，伦敦城市规划师提出了"卫星城市"概念，即在伦敦的中心城市外围建设与其功能联系紧密的城镇。

---

① 蓉城政事.伦敦：从"小"到"大"，如何完成城市更新？[EB/OL].[2020-06-29].https：//
mp.weixin.qq.com/s?＿biz=MzI5MzMzNDg2Nw==&mid=2247598985&idx=3&sn=c4684d75a
351f1094cb215593926bc01&chksm=ec70b9b5db0730a3d0dde4b5e0d3e62855a31ed8ac261cb60e424
7a35524e566da6c00b9edcc&scene=27.

② 姚迈新.大伦敦城市规划发展的经验及其对广州的启示探析[J].岭南学刊，2019（1）：6.

功能联系紧密的城镇，如：生活城、工业城、文化城、科学城等，目的是让大城市能够循着合理、健康、平衡、协调的方向发展。把伦敦所在城区设计成伦敦郡，用一圈绿带把伦敦郡和周边的"卫星城市"隔离开来，伦敦郡为母城，周围的"卫星城市"为子城，卫星城承担母城的部分功能，以保证母城不会过分扩张。

三是"组合城市"主张。

针对伦敦中心城区大量劳动者流入的状况，为改变人口与工业极度密集的状况，提出了"组合城市"概念，计划把城市密集的人口与相关工业迁出中心城区，将伦敦按照单中心同心圆封闭式系统进行规划，实现伦敦城的有机疏散。

具体做法是：把伦敦城由内到外划分为四层地域圈，即内圈、近郊圈、绿带圈和外圈。其中，内圈是主城区，在主城区要控制工业发展，对老旧街区进行改造，并保证较低密度的人口规模；近郊圈主要供人群居住，为人们提供良好的居住空间，人口密度要受到一定的限制；绿带圈是一个主要提供休闲娱乐活动的区域，其中有大约8公里宽的绿化带，设置有森林、运动场地和各种游乐场地等，这一区域内要严控其他类别建筑的建设；外圈为中心城区所疏散的工业和人口提供足够的地域空间。

四是"区域规划"理念。

20世纪40年代至21世纪初，依照区域规划的理念，伦敦城市发展规划经历了几次大的调整：

（1）1944年伦敦采取以内城为核心，向各个方向延伸50公里的范围进行开发和建设。

（2）1967年出台伦敦《东南部战略规划》，拓展伦敦有机疏散工业和人口的空间，将伦敦都市圈规划半径延伸最长至100公里，并依托3条主要快速干线向外扩展，打造3个长廊地带作为发展轴，连接3座卫星城镇，极大地协调和平衡了伦敦及周围地区之间的经济、人口等关系。

（3）1970年进一步调整规划战略，提出了著名的"长廊和反磁力吸引中心"方案，一方面是依托规划长廊发展城市经济，安排布局人口，另一方面是把伦敦居民点体系的规划布局看作是反磁力吸引体系的布局，将一定区域内的城市副中心、小城镇与伦敦中心城市一起被规划为伦敦城市群。

（4）1970年至21世纪初，伦敦开始启动旧城改建和保护规划，其间发表了新的伦敦战略规划建议书，从重视伦敦经济重新振兴、提高伦敦居民生活质量、提升伦敦面向未来的持续发展能力，以及为每个人提供均等发展机会四个方面确立了城市未来规划发展的目标。

（5）进入21世纪后，在发展新兴产业的背景之下，伦敦重新认识到促进一个城市发展的关键要素包括人口增长、核心区加密、紧凑的竖向开发等。

（二）主要经验做法

一是以问题为导向。

伦敦在城市规划发展过程中，不同阶段面临的问题与重点是不一样的，例如早期是城市无序扩张的问题，中期是环境空气污染严重的问题，后期是中心城区亟待更新改造的问题，当期是产业布局的重新规划问题。在伦敦都市圈建设发展的过程中，始终以当期问题为导向，以未来发展为指针，根据城市不同阶段的特点、问题和需求，进行积极且有效的城市空间规划。这种"以问题为导向，以效果为依据"的方法，引导伦敦发展规划始终沿着发现问题—寻找方案—解决问题的路径前进。

二是采取大区域视角。

伦敦规划发展是一个由小到大的过程，也是一个从单一的小城镇发展成多核心、多发展轴带的集聚体的过程，尤其是1944年完成的《伦敦规划》和2016年《新伦敦规划》，在当时的城市发展背景下都发挥了巨大的作用，其中包括在城市中心区腹地建设新城，在城市外围构造一圈绿带，以及打造完善快速交通网络，建设"反磁力吸引中心"卫星城镇等。

从规划发展的角度来说，这是整体性、大区域视角下城市有序发展的具体表现，它使得城市发展摆脱了混乱、无序，实现了有序发展，使得"大城市病"得到一定程度的遏制，诸如城市人口拥挤、交通堵塞、环境污染等问题变得不那么严重。

三是突出中心城区的集聚效应。

中心城区的集聚效应，一般是指中心城区因产业、企业和居民在空间上的集中而导致的经济利益增加或成本节约。

伦敦在发展历程中，其中心城区的空间集聚性十分明显，并对周边城市形成了强大的辐射与带动作用。当前，伦敦城市规划尤其强调城市中心区的更新改造，目的就是要让中心城区充满活力，通过环境改造、产业布局调整等提升中心城区的集聚效应和辐射功能。

四是注重都市圈的有机疏解。

伦敦在早期发展过程中，就已经考虑了要实现"城"与"乡"在地域上的一定隔离，同时也要保证"城"与"乡"的适度融合。

伦敦后期所进行的卫星城镇建设以及"反磁力吸引中心"城市建设，都力主将中心城区的工矿企业、大专院校、科技园区等疏散到周边城市里，实现中心城区与周边城市的优势互补、均衡发展。从实践来看，20世纪60年代起，伦敦就依托交通廊道建设了三个规划人口为25万～30万人的新城，在功能上相对独立，并承接了中心城区的部分人口和功能。注重伦敦都市圈的有机疏解，确实缓解了大城市人口密集、交通拥堵、住房紧张等问题，也为实现伦敦的长期可持续发展奠定了良好的基础。

五是优化都市圈的生态环境。

伦敦生态城市建设的理念，以及可持续发展的思想，深深地影响了它的建设发展实践，例如将自然环境保护、社会生态维护融于经济发展之中，以及不走高能耗、高污染、低产出的发展道路等，使得伦敦的城市生态环境陆续产生明显的好转。

三、北京市

北京，作为中华人民共和国的首都，承载着厚重的历史底蕴与丰富的文化内涵。近年来，北京积极响应住房和城乡建设部的号召，成为第一批城市更新试点城市之一，致力于通过一系列探索与实践，为城市更新工作提供宝贵的经验。

（一）探索灵活多样的城市更新实施模式

北京实施可持续更新与微改造，避免大规模拆建。更新策略关注老旧小区、危旧楼房和小微空间，同时提升"网红打卡地"和商业街区、历史文化街区品质。创新空间也得到改造，支持高精尖产业发展。多种更新模式灵活适应不同区域需求。

一是"保护性更新"模式。

落实"老城不能再拆了"的要求，北京以中轴线申遗保护综合整治、长安街沿线环境改善为统领，推进平房区申请式退租、换租和保护性修缮、恢复性修建。南锣鼓巷更新"一院一策、一户一设计"，留住胡同四合院格局肌理。大栅栏杨梅竹斜街"政府引导、市场运作、公众参与"，促进历史街区有机更新。

西城区菜市口西片区探索"银企合作"，实施申请式换租模式，将原住户平移至新房，腾出空间进行整体改造，引进长租公寓和文创空间，实现生态和商业双向发展。

东城区隆福寺是传统百货区域，改造后成为文化投资热点，出租率100%，吸引众多知名企业和"网红店"入驻，实现高营收和税收贡献，未来还将继续更新周边四合院传统风貌区。

二是"保障性更新"模式。

探索老旧小区改造微利可持续模式，北京加快安全健康、设施完善、管理有序的完整社区建设。推进完善类提升类改造，注重适老化和无障碍改造，优先危旧楼房和简易楼改造。"十三五"期间，实施2000万平方米老旧小区整治，完成棚户区改造21万户。

朝阳区劲松北社区引入社会力量，通过多渠道实现投资回报平衡，形成"劲松模式"，被住房和城乡建设部列为典型案例。该社区建于1980年，老年居民占比高，无物业管理。2018年，街道与愿景集团合作，社会资本投入改造，居民缴纳物业费，愿景集团享有运营权。愿景集团完成多项改造，引入商业设施，逐步收回成本，实现微利可持续。

东城区光明楼17号简易楼改建是首都功能核心区的首个试点项目。该楼建于20世纪60年代，居民共用卫生间。2021年重建，增设公共服务用房，每户增加厨房和卫生间。改建采用成本共担模式，市区政府补贴、居民出资、产权单位出资，居民购买产权房，政府持有公共服务用房，实现财政收支平衡。

三是"功能性更新"模式。

鼓励老旧楼宇、传统商圈、老旧厂房、低效产业园等存量资源升级改造，加快"腾笼换鸟"。西单更新中实现6年构建新地标，地上是绿荫环绕的休闲公园，地下是新潮有趣的商业空间。望京小街和丽都商圈改造，通过政府前期投入，吸引社会资本参与，实现街区整体增值。

2015年底，北京冬奥组委宣布落户首钢，园区转型为网红打卡地，开放给社会，安置数万名工人。国际奥委会主席巴赫称赞首钢园区改建是惊艳的城市规划和更新范例。

海淀区中关村科学城的金隅智造工场，是转型高精尖产业的标志项目，利用了天坛家具老旧厂房。现有6家独角兽企业，1个国家级重点实验室，1家创业板上市企业，3家科创板块申请上市企业，知识产权产出超过5000件，生产总值超50亿元，单位产值提升近10倍。

四是"社会性更新"模式。

各区和街道发挥责任规划师作用，深入社区调查需求，形成服务菜单，引入社会资本参与城市更新。通过"小空间大生活"微空间改造活动，提升社区闲置空间品质和功能，百子湾"井点"等改造受到百姓欢迎。京张铁路遗址改造将灰色地带变为绿色空间。

海淀区学院路街道召集多方共同策划，通过街区画像—评估—提出愿景—规划实施及举办城市设计节"4+1"工作法，将市民诉求转化为规划和项目，纳入"为民办实事清单"，打造石油大院"15分钟生活圈"。同时，更新低效空地为逸成体育公园，设置街区工作站，打造双清路"15分钟生活圈"。

（二）打造激发内生动力的保障支撑体系

北京改变城市建设发展方式，由增量开发转向存量更新。针对城市更新中社会资本参与积极性不强、多元主体参与机制不完善等问题，北京建立有效的空间资源置换利用方式和金融财税支持政策机制，探索新的高质量发展的城市更新路径。

一是建立统筹、考核与规划实施机制。

市委、市政府主要领导推动，设立城市更新专项小组，负责部署重点工作、协调政策、督促落实。市住房和城乡建设部门负责综合协调，市规划自然资源部门负责制定规划、土地政策。各区政府成立专项小组统筹实施，街道、乡镇负责街区更新，居（村）委会发挥自治作用。

建立"总体规划—专项规划—街区控规—实施方案"的城市更新工作体系。将专项规划作为落实总体规划的重要手段和依据，细化不同圈层更新目标，统筹空间资源、规划编审、项目实施与政策机制、实施主体与管理部门。

二是构建经营模式下的更新政策体系。

形成"1+N+X"政策体系，"1"是指《北京市城市更新条例》；"N"是指核心区平房（院落）、老旧小区、老旧厂房、老旧楼宇等更新对象管控政策；"X"是指政策文件和各类标准规范，即规划、土地、金融、财税等方面的配套政策。

相关政策为城市更新指明了方向，涉及规划和土地政策、资金保障和审批等方面。在规划、土地政策方面，明确了建筑规模激励、用途转换和兼容使用等，并规定了国有建设用地配置方式和过渡期等。资金保障方面，市、区政府加强财政资金支持，设立基金、发行债券、利用公积金等多渠道筹集资金，城市更新项目享受行政事业性收费减免和税收优惠。在审批上，优化方案审查、手续并联办理和招标投标等流程。

三是探索多元主体合作开发的市场运作方式。

政府主导的更新模式转变为以政府为核心的多元主体参与机制，强调平衡利益需求、合作开发、协同组织领导，形成"共建、共治、共享"效应。通州张家湾设计小镇实施"三统筹"模式，引入社会资本实现收支平衡，探索主体、项目与还款来源统筹的城市更新模式。

政府授权企业改造提升低效空间，运营闲置资源获取收益。石景山鲁谷六合园项目探索"一体化招标、改造、统筹、治理"长效机制。采用"投资+施工+运营"一体化招标投标，统筹社区硬件改造，建设综合服务体系，探索多产权单位老旧小区统一物业管理服务模式。

四是完善良性互动的社会治理格局。

北京坚持党建引领，充分发挥"吹哨报到"、接诉即办、责任规划师的作用，鼓励居民、各类业主在城市更新中发挥主体主责作用，建立多元平等协商共治机制，探索将城市更新纳入基层社会治理的有效方式[1]。例如，白塔寺街区会客厅探索多主体共建途径，补充公共设施短板。

加强基层专业技术力量，深度参与街区更新。北京15个城区和开发区，

---

[1] 田昕丽，刘巍，李明玺.以街区更新"4+1"工作法　助力北京责任规划师的制度建设与实践[J].北京规划建设，2021（S01）：125-129.

已签约301个责任规划师或团队。责任规划师成为联系"政府—市场—社会"的纽带，探索出以东四南、新清河实验为代表的基层治理创新实践，提升了城市精细化治理水平。

（三）构建可持续发展的城市更新模式

由"开发方式"向"经营模式"转变，北京城市更新以减量提质增效为核心，探索投融资模式由政府支持融资转变为多元创新的金融产品和服务，探索社会资本参与城市更新的实施路径和有效机制，构建广泛参与的城市更新治理新格局。

一是创新城市更新红利释放机制。

（1）构建政策体系，完善工作机制。借鉴北京"1+N+X"政策体系，出台配套文件。跟踪全流程，破解难点。完善管理机构，设立工作专班。

（2）完善规划建设管理，推动项目实施。补办规划手续，匹配经营期限与回收周期。推进土地与建筑功能兼容政策，支持一体化推进。整合前期审批环节，研究更新设计标准。

（3）推进社区赋权增能，居民广泛参与。制定居民需求服务策略，搭建参与平台。居民参与设计方案，建立"共同设计"机制。

（4）发挥基层组织作用，统筹专业力量。建立基层更新治理机制，深化责任规划师等制度，提升城市品质和价值。

二是创新城市更新商业模式与融资模式。

（1）促进空间资产化增值，实现财务平衡。打捆老旧小区、街区，拓展运作空间。建立资金平衡机制，推广PPP模式。探索利用更新后收益，引入社会资本。

（2）加强金融财税创新，实现资金集成。明确出资边界和比例，发挥财政资金作用。整合利用专项补贴，细化税费减免政策。建立统一平台，整合部门资金。

（3）政府引导，构建撬动模式。结合重大项目建设，撬动社会资本，推动周边更新改造。

（4）盘活国有资产，发挥国企作用。发挥城投、国企优势，拓展多元化结合，采用市场化运作方式。

（5）畅通更新路径，激活市场主体。设立专项基金，推出金融产品。鼓励低利润、长周期商业模式，创新特许经营机制。鼓励市场主体进行物业升值。

（6）支持社区一体化模式，促进平衡。通过多种方式实现土地增值，支持"EPC+O"（工程设计、采购、施工、运营一体化的建设模式）、"投资+设计施工+运营+物业管理（城市空间服务）"一体化模式推广。

四、上海市

上海特色的有机更新之路，本质上是一个系统而精细的过程，旨在全面修补既有短板，精准治理各类问题，进而重塑并提升城市的品质与功能。这一过程不仅注重物质层面的改造升级，更致力于传承和弘扬历史文化，修复和保护自然生态，以期实现空间质量的显著提升和效益的持续优化。

2020年以来，上海大力推动区域更新及微更新实践、理念拓展和立法保障，创新规划资源政策供给，市人大出台《上海市城市更新条例》及实施细则，进一步强调了城市更新中规划的引领力、管控力和号召力。

（一）引导城市发展模式和市民生活方式的转变

一是让人们回归社区。

为了引导人们回归社区，提出"补短板、提品质"策略，以"15分钟生活圈"为范围，公共要素补缺为城市更新前提。

一方面，开展区域评估，从产业功能、基础设施、公共服务、历史风貌、生态环境、慢行系统、公共开放空间、公共安全、住房保障等方面提出"缺什么"；另一方面，考虑需求紧迫度、实施主体积极性和难易度，明确

"补什么"①。

曹杨社区是上海市普陀区建于1950—1970年的工人新村，现设施衰落但河道环境和历史风貌好。该项目的更新由上海市规划和自然资源局及区级政府负责，首先进行调研评估，制定公共要素清单。接着分析优势和问题，制定更新目标和策略，包括优化功能、完善设施、提升环境和整合空间。具体行动包括修缮住房、打造会客厅、植入产业空间、修复公园、推进高校联动、建造照料中心等。

2021年上海城市空间艺术季以"15分钟社区生活圈"为主题扩大影响力，并推动全国范围内的社区生活圈建设。闭幕式上，自然资源部和上海市政府发起相关倡议，得到52个城市联署。

二是让街道回归行走。

当年的陆家嘴地区是为机动车而设计的，而不是为行人设计的。每建设一条机动车道，就形成一条分割城市的"河流"，从大马路的东边到西边，南边到北边非常困难。后来，浦东地区开展了一些改善城市可步行性的改造，比如在陆家嘴的核心地区和东方明珠边上增加了大量人行天桥和二层步行空间。同时，上海市规划和自然资源局推出了《上海市街道设计导则》，强调在街道设计中的四个转变：从主要重视机动车通行，到全面关注人的交流和生活方式；从道路红线管控到街道空间管控，即考虑整个街道的尺度和空间关系；从工程性设计到整体的空间环境设计；从强调交通功能到促进城市街区发展。

三是让住宅回归居住。

主要是指改善城市的居住品质、交通环境和房地产供需结构。产业园区发达的地区，对于租赁房的要求也逐步提升，租赁房的建造会极大地改变交通关系，促进职住平衡。所以要关注住房发展与建筑品质提升、居住模式的创新、建筑技术变革等方面的关系。

比如，原来在张江园区就业的人只有10%是就地居住的，90%是每天"潮汐运动"的，所以张江园区周边的主要道路，在上下班时间段的拥堵现象非常严重。因此，在规划过程中，为张江园区增加了920万平方米的住宅，其中890万平方米是租赁住房，包括公租房、人才公寓、单位集体宿舍等。通过增加租赁住房的用地供给，调整房地产供需结构，有效引导就地居住，改善职住平衡，降低通勤的交通压力，提升园区活力，带动整个张江园区的城市有机更新。

四是让城镇回归平和。

让城镇回归平和就是自我节制、自我约束的城镇化，提倡城镇的发展回归五个观念——平和的价值观、典雅的审美观、人文的生活观、包容的文化观和自然的发展观。

在城市更新和发展过程中，要充分考虑城市未来的产业能级、人口规模、资源环境的承载力等等，有节制、有约束地推动城镇化，而不是盲目地进行城市扩张。在考虑当下财务平衡的同时兼顾城市发展的长远利益，不给未来钉钉子，确保城市能够有序地、良性地发展。

（二）城市更新行动模式、政策机制和管理抓手

一是突破有机更新的行动模式。

上海有机更新的行动模式为重大区域与微更新并行。大尺度区域需统筹更新，而存量时代下的历史风貌区与老旧小区则通过零星、闲置地块及小微空间的品质提升与功能创造改善环境。

上海全市推进"四大行动计划"，聚焦共享社区、创新园区、魅力风貌、休闲网络，关注社区激活、创新创业、历史传承、品质提升等短板。

比如，世博文化公园位于浦东卢浦大桥以西，占地1.89平方公里，原为世博会欧洲片区。原规划为民营企业总部和德国城市开发，后改为建设生态空间和公共空间，放弃高价值土地出让收益。公园与徐汇滨江绿地规模相当，保留法国馆、意大利馆等文化设施，还有上海大歌剧院等。公园内还建

有双子山，预计成为网红打卡点。

"行走上海"社区空间微更新计划，通过与社区规划师等专业人士合作，自下而上更新城市微空间，提供精准化公共服务，提高市民认同感。

二是构建有机更新的政策机制。

为激发产权主体释放公共设施和空间，设定奖励包括用地性质转变、高度提升、容量增加、边界调整、地价补缴、市区收入分成等。

（1）采用存量补地价方式，鼓励物业权利人按规划更新改造，打破政府单一改造模式，激发改造积极性。如徐汇华鑫天地，原为老工业厂房，经改造成为智慧文化产业集聚地，引入创新企业，举办科创文创活动，焕发新活力。

（2）实施容积率奖励政策，鼓励增加公共要素，抑制增容冲动。奖励幅度根据公共开放空间情况、产权情况、规划标准配置和地区差异而定。如西亚宾馆改造中，应设置架空平台和公共设施层，适当提高建筑容量和高度，改善公共空间和服务设施。

（3）助力风貌保护，实施容积率转移和功能转换政策。以保护保留为主，拆除为例外，全面普查历史建筑，抢救性保护街区。实施开发权转移、不计容或部分不计容、功能转换等政策，提高保护积极性。如在长白社区228街坊更新中，保留2万户建筑作为公共服务和文化设施，调整建筑数量和用地性质，实现风貌保护与开发平衡。

三是创新有机更新的管理抓手。

一方面，利用契约管理创新城市治理，发挥上海"规土合一"优势，通过土地合同实现城市建设品质、进度、运营的把控。另一方面，通过平台公司引逼机制推进更新项目实施。

在张江园区西北片区更新案例中，张江管委会搭建沟通平台，统筹业主更新意愿，采用容积率奖励、联合开发与环保准入等机制，实现地区功能升级、道路设施增加、绿地品质提升的更新目标。

（三）城市更新参与方式的转变

统筹政府、社会、市民三大主体，引导全社会共建共治共享。

公众参与推进街镇实施，因街镇贴近市民。做法包括：建立多元主体参与构架；编制社区行动蓝图和计划；推动项目实施，协调资源资金；组织运营维护活动。鼓励公众深度贯穿全过程，形式多样，如论坛、沙龙、主题活动等。

比如，在浦东塘桥社区微更新中，设计团队调研收集居民意见，形成优胜方案，再征集意见纳入建设。在浦东环世纪公园跑步道改造中，志愿者组织社区参与方案设计及运营。

五、深圳市

深圳作为改革开放的前沿，城镇化过程中催生的大量城中村为城市更新重点，同时也存在"产权模糊"的遗留问题。然而，深圳城市更新制度的连续性与演进过程螺旋上升，相比其他城市仍具有独特性。

深圳城市更新经历三个阶段：业主自发改造、政府推动改造、系统谋划制度确立。通过这三个阶段，深圳形成了一套独有的城市更新制度体系，既保障自上而下的规划引导，也兼顾自下而上的需求导向。从"先行先试"到"先行示范"，深圳的城市更新在政策、规划和实践层面都表现出了显著特点。

（一）城市更新的政策与制度

深圳城市更新的政策相对稳定，自2009年以来从政府主导转向市场主导与多方协作，最终形成了"政府引导、市场运作"的基本导向，通过市场化开展城市更新，推进城市空间改善和产业升级。

一是城市更新政策体系。

深圳经过大量城市更新的实践和政策创新，形成了"1+1+N"的政策体系：两个"1"分别为《深圳市城市更新办法》和《深圳市城市更新办法实施细则》，也是该体系的核心；"N"为覆盖法规政策、技术标准、实际操作等不同方面的一系列配套文件，同时通过《关于加强和改进城市更新实施工作的暂行措施》的定期修订优化，灵活应对城市更新实践中出现的各种问题。

二是城市更新制度体系。

深圳城市更新制度体系的核心管理机构为深圳市规划和国土资源委员会，下设分支"城市更新局"负责相关城市更新业务。深圳强调"政府引导、市场运作"，突出法治化、市场化的特点，将城市更新分为综合整治、功能改变、拆除重建三类进行分类指引，通过整体的"城市更新专项规划"与"城市更新单元规划"进行规划控制，在项目运行上实施"多主体申报、政府审批"，以充分调动多方力量推动城市更新工作[①]。

卓越世纪中心项目是典型的采用"政府引导、市场运作"的城市更新模式的旧改案例。

（二）城市更新的管理阶段与流程

深圳主要通过分类别管理方式开展城市更新管理工作：

1. 综合整治类项目

由实施单位获得主管部门许可后实施综合整治类城市更新。

2. 功能改变类项目

由权属人提出申请，主管部门审批通过后，完善用地手续，签订土地使用权出让合同或土地使用权出让合同补充协议，完成相关规划和用地手续后实施。

3. 拆除重建类项目

该类项目需要严格按照城市更新单元规划、年度计划的规定实施，主

---

① 唐燕.强化制度建设　推进城市更新　从简单的物质改造转向综合的社会治理[J].环境经济，
　2020（13）：39-43.

要分为申报、编制、实施三个阶段。

（三）城市更新的实施路径

一是基于城市更新单元年度计划的总体推进。

城市更新单元年度计划是深圳开展城市更新工作的有效执行工具，也是城市更新工作的重要依据，在综合整治、功能改变、拆除重建三类更新项目中，拆除重建类更新需划定为城市更新单元，并纳入城市更新单元年度计划后方能开展实施。深圳实施"强区放权"改革后，自2017年起由各区制定城市更新单元年度计划。

二是城市更新政策的调整与优化。

深圳城市更新政策体系以《深圳市城市更新办法》和《深圳市城市更新办法实施细则》为核心，以《关于加强和改进城市更新实施工作的暂行措施》为阶段性调整优化的路径，为城市更新提供灵活的政策支撑。一方面，深圳通过两个核心法规维持住了政策的稳定性，另一方面也可以通过《关于加强和改进城市更新实施工作的暂行措施》针对社会和市场的变化与需求，适时出台或修正相对更新规定，确保城市更新工作质量稳步提升。

107

六、杭州市

作为新晋超大城市，杭州的城市发展已步入由增量建设向存量提质改造与增量结构调整并重的阶段。2023年5月，杭州市政府办公厅正式发布《杭州市人民政府办公厅关于全面推进城市更新的实施意见》（以下简称《实施意见》），明确了八个更新类型及其实施要求，并详细规定了政策技术支持和保障措施。

根据《实施意见》所构建的总体框架，市建委牵头编制了《杭州市全面推进城市更新行动方案（2023—2025年）》（以下简称《行动方案》），进一步细化了各项任务，并明确了各部门职责，为全市高质量推进城市更新行动制定了详细的时间表和路线图。同时，市级相关部门已制定并出台了一系列与城市更新相关的规划、建设、土地、资金等配套政策和技术标准，共计21项。

比如，杭州市注重加强对城市更新的顶层设计，形成"5+N"政策体系。"5"指更新条例、实施意见、行动方案、专项规划、建设计划；"N"指相关部门、城区制定出台的与城市更新有关的各类规划、建设、土地、资金等配套政策及技术标准。《实施意见》和《行动方案》明确了居住区综合改善类、产业区聚能增效类、城市设施提档升级类、公共空间品质提升类、文化传承及特色风貌塑造类、复合空间统筹优化类、数字化智能赋能类七项更新类型。以体检结果指导划定更新片区、编制更新计划、形成城市更新项目数据库，积极探索工业园区、居住小区、居住社区和历史街区有机更新路径。此外，还有四个城区、五个片区以及十个项目被纳入省级城市更新试点名单。

目前，杭州正积极构建完善的城市更新规划、建设、土地、资金等政策法规体系。其中，城市更新立法工作正稳步推进，《杭州市城市更新条例》已被列入市人大立法预备项目，这将为未来的城市更新工作提供坚实的法治保障，确保其更具可持续性和规范性。

2024年，杭州市计划实施十大类城市更新项目共计1626个，预计投资规模将达到2400亿元。同时，计划制定三项城市更新相关支持政策，并推进七项城市更新改革事项。到了2025年，计划实施的城市更新项目将达到1132个，预计投资约为1069亿元，同时还将制定两项城市更新相关支持政策，并实施五项城市更新改革事项。这一系列举措将进一步推动杭州城市更新的深入发展，提升城市品质和竞争力。

（一）典型案例及做法

一是全国首个自主更新模式案例——浙工新村。

浙工新村，原为浙江工业大学教职工住宅区，建于20世纪80年代，因无抗震预制板结构，故被评为C级危房。现已转变为全新规划的11层电梯楼房，通过拆除重建，原14栋楼减至7栋，并增设电梯。原人车不分流设计已改进，路面停车位减少，新增400多个地下车位。小区外观焕然一新，采用现代风格，每户住宅面积增加20平方米。

主要做法包括：

（1）保留历史文脉，原址重建。首先需要对小区的建筑结构、设施状况、居民需求等进行全面评估，确定改造的重点和方向。然后，通过科学规划和精心设计，对小区的房屋、道路、绿化、管网等进行全面改造，提高小区的整体品质和功能。

（2）满足现代需求，功能升级。针对老旧小区设施陈旧问题，可更新设备、升级技术，如改造楼梯为电梯，更新水电管网，引入智能化管理系统。对于空间拥挤问题，可合理规划空间、优化布局，如拆除违章建筑、增加停车位和建设公共活动场所。同时，可根据小区特点和居民需求，引入新功能和设施，如建设幼儿园、社区医院、文化中心、图书馆和商业设施等，提升居民生活便利性，丰富居民精神文化生活。

（3）居民自主承担重建资金。小区更新费用约为5.3亿元，其中居民自筹4.7亿元，每家出资约100万元，余下由专项资金解决。浙工新村业主承担1350元/平方米的改造费用，原地置换房屋面积基本相等；扩建面积按34520元/平方米计算，最多可扩20平方米和一个车位，旧房75平方米左右最终可获得105平方米新房，费用约100万元。投入包括建设、过渡补贴、装修补偿、财务成本、拆房、咨询评估、管线迁改、苗木迁移和房屋加固等，收入来自私房回购、扩面费用、公房回购、车位出售，以及旧改、加梯、社区创建奖补等专项资金补助和新增社区配套用房租金收入，总体可实现资金平衡。

二是城市建设优秀案例——天目里。

天目里位于西湖和西溪湿地之间，其前身是老的古荡工业园区，20世纪90年代，这里建起一栋栋三四层的制造业厂房，阀门厂、电子元器件厂等轻工业企业相继进驻。随着经济发展，在紧邻西湖、西溪的城市核心区，这么一片老式工业园区已不符合美丽西湖的产业发展导向，产业急需向"美、轻、新"转型升级。在此背景下，一场整合土地资源的城市有机更新行动正式拉开帷幕。

2023年5月，"天目里国际街区"打造方案发布，以天目里为核心，辐射周边8个楼宇单位，以品质生活、高效服务、靓丽风貌为理念，打造天目里国际街区项目，建设成为"开放、共享、和谐、共生"的城市艺创未来生活街区标杆。天目里是普利兹克建筑奖得主伦佐·皮亚诺在中国承接的第一个项目。它以"苹果"作为原始的设计概念——硬质界面的包裹下，拥有一个柔软而丰富的内核。刻意降低的建筑楼层，保证了广场内更多的光照；透明且视线渗透的底层空间，使建筑具备了漂浮般的轻盈感……这些设计节点表明了皮亚诺对于城市和自然关系的思考和实践，从而创造出一座艺术生活的孵化器。每天都有丰富的活动和事件在这里发生，人与空间互相影响，共同构成天目里生命力的核心。

它就像一座小城，有上千人工作和生活的地方，从商业到艺术、设计、时尚、文化，各种各样的事在这里发生。天目里包容着中央花园、经典的水镜广场和乔木树阵，同时又对地块进行切割，创造出广场与城市之间的连接和渗透，为故事的发生营造了空间，也为空间预留了故事的可能。

天目里的诞生，给中国的城市社区营造带来了全新的范本——都市快节奏下人们的一方"世外桃源"。天目里的成功，一定程度上是建筑从功能层面向精神共鸣的转变，也是建筑对于当下时代的回应，对于未来生活的探索。

三是老旧小区改造优秀案例——和睦新村。

和睦新村位于杭州市拱墅区，建于20世纪80年代，总建筑面积约20万平方米，共有54幢居民楼，老年人口占比约30%。此前，小区存在基础设施简陋、环境杂乱、设施缺失等问题，是典型的"老破旧"小区。为了提升居住品质，和睦街道对小区进行了更新改造。

该项目改造一期工程紧密结合辖区实际情况，以适老化改造为核心，从设计到施工都体现了尊老、爱老、便老、助老的理念。改造完成后，小区形成了"一平台两厅堂三中心"的格局，实现了居家养老中心及周边区域的无障碍设施全覆盖。

该项目改造的主要做法包括以下几方面：

（1）聚焦"住房适老化改造"，建设环境适老型颐养家园。加装电梯，解决老年人上下楼难题；楼梯转角、人行道设休息椅，方便老人休息；打造沉浸式体验空间，推进适老化改造家居环境。

（2）聚焦"社区环境适老化改造"，完善"居家养老综合体"。改造小区空间为口袋公园、阳光客堂等，增设室内外活动场地；引进多家企业，打造医养护、文教娱、住食行等服务队伍；改造原有建筑为"阳光老人家"乐养中心，增加消防设施及充电桩。

（3）聚焦"刚性需求"，构建触手可及的专业型康养体系。微型养老院提供喘息、日托、临时托管等服务；社区级康复中心满足老人康复医疗需求，后升级为护理中心；签约社会组织提供居家养老健康服务，包括助餐、助浴等；引入"流动助浴车"，为行动不便的老人提供洗澡、疗养服务。

（4）聚焦"精神生活"，文化润老多姿多彩。打造"老有所乐"新阵地，建设棋友桌、阅读角等；开设老年课程，如英语课、智能手机使用课等；建设和睦剧场、书阁，成立文化队伍，参与各类比赛与活动。

（5）聚焦"智慧助老"，科技惠老精准守护老人安全。为居家养老床位安装智能安防设备，保障老人安全；为孤寡失独、高龄独居老人安装智能远传水表，监测生活情况。

（6）聚焦"精细化设计"，从细节处提升老年人幸福指数。在公共卫生间增加适老化扶手；在各口袋公园设立轮椅位；在和睦小学增设扶手及坡道；在康养中心新增助浴室以及在园区内规划无障碍机动车停车位等。

四是完整社区建设项目——滨江区缤纷社区。

该社区位于杭州市滨江区西兴街道，总面积46公顷，包含3个社区、5

个小区，共5487套住宅和20824名居民。这是滨江区早期的拆迁安置小区。2021年初，开始全面进行社区建设，将3个社区整合，按照统一标准建设、运营，实现可持续运营。

（1）加强基层治理。成立了联合党委和综合执法、运营维护队伍，整合物业公司和养护单位，由一家企业提供统一服务。

（2）合理规划建设。统筹3个社区的空间，打造了9大服务设施，包括缤纷会客厅、缤纷食堂等，形成便捷的生活服务圈。同时，完成了小区内多项改造项目，如污水零直排、二次供水改造等，并安装了充电桩和电梯。

（3）利用存量资源。将59个一楼楼廊空间改建成邻里聚会、亲子阅读等温馨空间，实现资源再利用。

（4）提升治理效能。设立"一滨办"窗口，提供全天候一站式服务。开发小程序，组织各类活动，累计万余人次参与。

五是活力街区打造项目——新天地中央活力街区。

新天地位于东新街道，占地860亩，源于1958年的杭州重型机械厂旧址。这一区域融合了工业遗存和新兴业态，构建了"夜经济、潮经济、青春经济"的生态圈，同时引入了生命科学创新园等项目，进一步扩大了产业圈。此外，还设立了亚运观赛空间，提升了文旅品牌形象，吸引夜经济品牌入驻，激发了消费圈活力。新天地商务社区成立以来，营商环境得到全面优化，发展动能增强，新增市场主体和税收均实现了显著增长。新天地的发展活力推动了东新经济的高质量发展，2022年，街道财政总收入首次突破40亿元大关，同比增长11.52%。

东新街道经济高质量发展的背后，主要得益于对产业赛道的研究选择、关键平台的搭建以及为企业提供的优质服务。该街道以"一轴两区五极"的产业空间布局为依托，发展了"1+5+N"的产业体系，涵盖了总部经济、商贸金融、数字经济、生命健康、电竞文娱、建筑规划等领域，全面激发了全域发展动能。街道着力增强产业内生动力和自我造血功能，打造了生命健康引力场，推动多个项目落地。同时，运用"数智"治理优势，实施数字赋能企业发展，提供"打包式"套餐服务，为经济发展提供了坚实支撑。街道还通过开展"大走访大调研大服务大解题"活动，全力以赴为企业排忧解难，协助企业解决各类问题，申报扶持资金，推动裂变项目落地。

六是既有建筑改造项目——浙江大学医学院附属第四医院、杭州中控科技园总部园区项目。

(1)浙江大学医学院附属第四医院。

该项目获得"2020年度全国绿色建筑创新奖三等奖"，也是我国首个二星级绿色建筑运营医院，它的设计理念充分体现了"以人为本"的原则。在设计过程中，项目团队力求实现人车分流、医患分流，以保障医院内部交通的便捷性和安全性。同时，医院的设计还注重绿色节能，力求打造一个可持续发展的绿色生态医院。

为了实现这一目标，医院采用了多项绿色建筑新技术。其中包括低辐射中空玻璃幕墙系统，这种系统可以有效降低建筑物的热量损失，提高室内舒适度。绿色智能照明系统，通过智能调控照明设备，实现节能降耗。室内CO/CO_2空气质量监控系统，实时监测空气质量，保障患者和医护人员健康。

此外，自然采光系统（导光筒）和可调节遮阳系统可以充分利用自然光，降低照明能耗。雨水回收利用系统则可以有效收集和利用雨水，节约水资源。能源分项计量系统可以帮助医院精确掌握能源消耗情况，为节能减排提供数据支持。

在智能化方面，项目采用了BA建筑智能化控制系统，实现对建筑设施的实时监控和调控。这套系统可以提高医院的管理效率，降低运营成本，同时也有利于绿色建筑的可持续发展。

通过以上多项绿色建筑新技术的应用，该项目成功营造了一个健康舒适、绿色节能、生态环保、智慧运营的现代化医疗建筑。

(2)杭州中控科技园总部园区项目。

中控科技园坐落于滨江区，总建筑面积约为10万平方米，是浙江中控技术股份有限公司投资建成的项目。中控科技园为集销售中心、产品中心、

113

项目中心、研发中心、生产管理部、行政办公室于一体的多功能综合工业园。其主要建筑分为A区、B区、C区、D区四栋五层办公楼，E区、F区两栋24层高层写字楼，玻璃大厅以及地下室停车场。中控科技园能源消耗主要为电、自来水以及天然气等资源。中控科技园能源消耗系统主要分为六类，分别为空调系统、照明系统、动力系统、特殊用电系统、用水系统以及用气系统。

浙江源创智控技术有限公司通过建筑轻量化AI算法，应用数智化改造方式，在不破坏建筑结构、不影响正常办公、不侵犯个人隐私的基础上，完成了对中控科技园总部园区的节能改造，实现用能数据全面直观、用能过程精细管理。该项目自实施以来，园区整体节能率达到15%，其中，空调节能25%以上、锅炉节能15%、照明节能8%以上。该项目对于实施公共建筑的轻量化、标准化建设，起到了低碳节能的典型示范作用，具备批量推广价值。

七是历史文化保护项目——建德市新叶村。

新叶村位于建德市西南大慈岩镇玉华山脚，始建于南宋嘉定元年（公元1208年），距今已有800多年的历史，是浙江省内保存最完整的古代血缘聚落建筑群之一，至今仍保留明清建筑200多幢，此外还有宗祠、塔、阁等特色建筑16幢，具有极高的徽派建筑研究价值，被专家誉为"明清建筑露天博物馆""中国乡土建筑的典范"。

（1）规划引领明确路径，建德市制定"1+2+N"顶层设计机制，构建总体格局，制定"六共"保护框架，让村民共同参与。制定技术文件，明确管控要求；同时，综合施策强化保护，制定管理办法和专项资金管理办法，出台政策文件实现全周期监管，推广"人人都是文保员"做法。

（2）因地制宜抓建设，打造重点传统村落廊线，开展保护利用，谋划项目总投资超过1亿元。形成合力聚资源，统筹资金向传统村落建设倾斜，整合部门项目，争取上级专项资金。因势利导做修缮，培训传统乡村建设工匠，探索实施"本地企业＋本地工匠"修缮方法。

（3）激发文旅动力，挖掘文化内涵，传承中华优秀传统文化，编纂书籍。以运营为目标，实现全过程无缝对接。盘活闲置空间，打造特色民宿和文创工作室。全面梳理资产，明确发展定位，制定招商推介手册，出台优惠扶持政策。

（二）关注"平急两用"公共基础设施建设

2023年9月，杭州发布首批"平急两用"公共基础设施建设项目清单，包含87个项目，总投资超400亿元，涉及医疗、食品、住宿和交通四个领域。具体包括23个医疗卫生项目、8个打包改造项目、7个城郊大仓项目、46个酒店民宿项目和3个高速服务区项目。其中杭州市农发"平急两用"东郊仓配一体化中心项目为首批项目清单中的重点项目，是杭州钱塘新区正在筹备的一项宏大的物流项目，占地453亩，总投资20亿元，旨在打造集仓储与配送于一体的现代化物流中心。该中心建成后，将为城市提供高效便捷的仓储配送服务，促进经济发展；紧急时刻可迅速转为医药类应急物资仓储中转站，为城市应急响应提供支持。项目注重环保和可持续发展，采用多项环保技术和措施，力求减少对环境的影响，并与周边环境相融合。

七、宁波市

2021年11月，宁波市成为全国首批城市更新试点城市。市住房和城乡建设局积极探索城市更新机制、模式和政策，通过建立四大机制、实施六大行动、出台更新办法，推进55个片区更新，打造"更活力更幸福"的宁波模式。该模式得到住房和城乡建设部肯定，并向全国推广。

（一）建立"三大体系"，构建城市更新联动传导机制

（1）建立"1+X"城市更新政策体系，明确城市更新内容、机制、政策，加强部门协作，完善配套政策。如，允许地块带方案出让，探索土地出让金

分账管理，鼓励社会资本参与，支持低效用地再开发。

（2）构建"市—县—片区—项目"四级更新规划体系，分层部署更新行动，明确各级规划任务。市级规划提出战略部署，县级规划落实市级规划，片区策划统筹部署更新建设，细化落实工作。

（3）建立多层级的城市体检体系，全面开展体检工作，搭建"问题—行动—项目"的成果运用框架，编制城市更新年度行动计划，跟踪监测项目实施和片区更新，推动"城市病"治理。

比如，宁波城市体检从住房、小区、街区、城市四个维度，紧扣部级基础指标和省级9个专项体检指标，结合地域特色，因地制宜构建"61+22"宁波体检指标体系，做到可量化、可感知、可评价。把城市体检发现的问题短板作为城市更新的重点，以"问题—行动—项目"为路径，形成问题清单、整治清单，并通过城市体检评估信息平台进行跟踪监测，统筹一体推进城市更新。在《宁波市城市更新片区（街区）体检和策划方案编制技术指引》中要求，根据城市体检的成果形成问题清单，根据意愿调查形成意愿清单，根据上位规划要求形成发展清单，三个清单综合分析形成片区更新任务库纳入片区策划方案。

（二）注重"三个强化"，推动城市更新统筹谋划实施

（1）强化设计引领，在城市更新中统筹导控。《宁波市城市更新办法》要求大力开展城市设计研究，明确不同尺度的更新设计要求。在总体层面，落实城市设计要求，强调城市风貌导控；在区县层面，衔接重点地区城市设计，明确片区风貌定位；在片区层面，整合空间资源，提出精细化品质导控要求。

（2）强化街道事权，以片区为单位统筹实施城市更新。发挥街道的统筹作用，系统组织各项工作，统筹实施项目。出台技术指引，构建体检指标体系，评估片区空间现况，编制城市更新片区策划方案，建立更新项目库。

（3）强化党建引领，构建全域统筹的"大物业"治理模式。鼓励街道党

工委创新大物业党建联建机制，推动社区、业委会、物业公司共建主体，构成"大物业"决策体系。以招宝山街道白龙社区为试点，实现"大物业"统一招标投标，提升居民满意度和物业企业经营效益。

比如，宁波市探索建立"5+1"指标评价标准参考体系，制定了《宁波市更新片区（街区）体检和策划方案编制技术指引》，探索适应本地特色的城市体检标准导则。通过片区（街区）城市体检，形成管理类和工程类问题清单，制定小区维修、小区整治、小区提升、街区整治、街区行动等五类整治措施，进一步提高项目生成的科学性、建设时序安排的合理性，并通过城市体检评估信息平台进行跟踪监测，推动项目实施和片区更新。2023年9月，宁波市住房和城乡建设局在住房和城乡建设部组织的"城市体检方法与机制创新"专题会议上，就体检制度建设、工作组织、指标体系构建、数据采集、城市体检与城市更新衔接机制等工作情况做了经验介绍。

（三）探索"三条路径"，建立城市更新可持续发展模式

117

（1）探索社会资本参与更新的三种模式，包括"国企主导+创新驱动""市场主导+街道参与""资产盘活+产业转型"等模式。国企引导企业参与创新，带动街区更新。比如文创港合作开发，保留工业记忆，打造公共空间。民营企业主导更新转型，街道完善基础设施和政策支持。比如江北洪塘湾等引入新生态美学办公功能。产权主体利用自有资产促进产业升级。如博洋集团改造旧厂房为办公空间等，实现产业转型。

（2）探索设立城市更新基金。通过设立更新基金、委托经营、参股投资等方式吸引央企、地方国企、民营企业等社会资本进入，并完善资本退出机制。如海曙区为解决城市更新中资金短缺问题，注册成立海曙区城乡有机更新基金，获得金融机构、房地产企业、建筑企业积极支持响应，一期总规模100亿元，首次募集20亿元。以区级先行试点为基础，拟在近期成立市级城市更新基金。

（3）探索"以奖代补+重点激励"的奖补政策。出台《宁波市城市更新试点实施方案》，明确街区更新专项资金补助范围与标准，以街道为主体申报街区更新项目，市住房和城乡建设局及市财政局根据报送实际择优确定街区更新项目年度实施计划，发放奖补资金。2021—2023年，对市六区星阳街区、压赛堰社区、柳西河街区、招宝山街区等13个街区更新项目，市级财政奖补总额达3.47亿元。2023年出台《宁波市住房和城乡建设专项资金管理办法》，进一步支持街区更新的奖补政策，延长政策补助时限。

八、绍兴市

绍兴市位于浙江省中北部，历史底蕴深厚、人文资源丰富，美丽丰富的民间传说、越韵流芳的戏剧曲艺、匠心独运的传统技艺、姿态鲜明的传统美术、精彩纷呈的民俗活动等非物质文化遗产在此孕育，传承久远。

（一）整体成效

一是加强制度建设，完善保护体系。

绍兴非遗保护工作已经走过了20年，其间绍兴非遗传承保护利用始终走在全省乃至全国前列，形成了融古通今、启迪未来的文化形象。绍兴非遗保护机制和制度不断健全，已经形成了以代表性项目、代表性传承人和保护单位、传承基地等为载体的非物质文化遗产保护体系。目前，绍兴拥有国家级非遗代表性项目26项，省级非遗代表性项目97项，市级非遗代表性项目261项，县级非遗代表性项目约650项。绍兴还认定了各类市级非遗传承基地184家，非遗旅游景区19家，非遗体验基地15家，非遗研学游基地20家，非遗工坊47家，非遗客厅2家，非遗形象门店20家等。

二是奏响文旅强音，谱写非遗新篇章。

近年来，绍兴市通过培养非遗人才、提升非遗技艺等方式，推进非遗传承保护创造性转化、创新性发展。如今，丰富多彩的非遗已逐渐融入绍兴百姓生活与城市韵味。绍兴还积极举办非遗展示活动，如"绍兴有戏——非遗兴乡大巡游"和"绍兴非遗集市",展示非遗保护成果,激发古城消费活力。同时,绍兴还注重传统戏曲、曲艺的保护工作,走出了一条阶梯式培养曲艺新传人及社会化传播的路径。

(二)典型案例的措施及更新成果

一是历史文化保护与传承:鲁迅故里保护与更新。

鲁迅故里是绍兴市的重要历史文化遗址,城市更新在这里注重历史文化的保护和传承。

采取的保护措施:

(1)对鲁迅故里的古建筑进行了修缮和维护,保持其原有的历史风貌。

(2)通过设立博物馆和展览,展示鲁迅的生平和作品,传承文化记忆。

获得的更新成果:

(1)鲁迅故里成为绍兴市的文化地标和旅游热点,吸引了大量游客,促进了当地旅游业的发展。

(2)提升了居民和游客对绍兴历史文化的认知和认同感。

二是生态环境改善:鉴湖生态修复与保护。

鉴湖是绍兴市的重要自然景观和生态资源,城市更新在这里注重生态环境的改善和保护。

运用的修复措施:

(1)通过水质净化工程、植被恢复和生态景观改造,改善鉴湖的生态环境。

(2)建设湿地公园和生态步道,提升鉴湖区域的生态品质。

获得的更新成果:

(1)鉴湖的水质和生态环境显著改善,成为市民休闲娱乐的好去处。

(2)生态旅游的发展促进了区域经济的增长,增强了市民的生态环境保护意识。

三是智慧城市建设:柯桥区智慧城市示范项目。

柯桥区是绍兴市的一个重要行政区，智慧城市建设在这里得到了积极推进。

采取的智慧化措施：

（1）建设智能交通系统，实现交通流量的实时监控和优化，减少交通拥堵。

（2）推动智慧灯光系统和智能安防系统的建设，提高公共服务和安全管理的效率。

取得的更新成果：

（1）柯桥区的智慧城市建设显著提升了城市管理的智能化水平和居民的生活便利度。

（2）智慧城市示范项目的成功经验为其他区域的智慧化改造提供了宝贵的参考。

四是产业结构升级：绍兴滨海新城的崛起。

绍兴滨海新城是绍兴市的重要产业升级和经济发展的新引擎。

更新升级的措施：

（1）引进高新技术产业和现代服务业，推动传统产业的转型升级。

（2）建设高标准的产业园区和创新创业基地，吸引高端人才和创新企业。

取得的更新成果：

（1）滨海新城成为绍兴市新的经济增长极，带动了区域经济的快速发展。

（2）现代化的产业结构提升了绍兴市的经济竞争力和可持续发展能力。

五是社区建设与社会治理：越城区社区更新与治理。

越城区是绍兴市的中心城区，社区建设和社会治理在这里得到了深入推进。

更新建设的措施：

（1）建设社区活动中心、文化广场和公共健身设施，提升社区居民的生活品质。

（2）推动社区治理创新，建立居民自治组织，增强社区的凝聚力和自我管理能力。

取得的更新成果：

（1）越城区的社区环境和居民生活质量显著提升，社区居民的满意度和幸福感增强。

（2）社区治理的创新经验为其他社区提供了借鉴，提升了绍兴市的社会治理水平。

通过以上典型案例，可以看出绍兴市在城市更新中注重综合考虑历史文化保护、生态环境改善、智慧城市建设、产业结构升级和社区建设等多个方面，取得了显著的成效，为实现城市的可持续发展奠定了坚实基础。

第十章　城市更新的问题与对策

一、实施城市更新行动的问题

(一)政策制度壁垒尚未突破，更新工作推进难度较大

目前，我国尚未制定统一的城市更新法律法规，但在"十四五"规划期间，多个部委已经发布了一系列政策文件和指导意见，以推动城市更新行动的实施。例如，国家发展改革委发布了《2021年新型城镇化和城乡融合发展重点任务》，住房和城乡建设部印发了《住房和城乡建设部关于在实施城市更新行动中防止大拆大建问题的通知》(建科〔2021〕63号)。尽管政策密集出台，但当前国家层面的政策主要属于指导性文件，尚需完善配套文件、实施细则和操作指引，并明确政策实施的边界。因此，为了提高政策的有效性和可执行性，需要加强自上而下的顶层设计，确保政策能够真正落地实施。

从地方层面来看，深圳、上海、北京等城市已相继出台了城市更新条例，这些地方性法规为城市更新的有效推进提供了坚实的法治基础和制度支撑，引起了社会各界的广泛关注。然而，目前各地在城市更新的配套政策和具体实施细则方面仍在研究中，相关制度的创新和实践尚在优化中，因此，城市更新项目的实施仍然面临着不少困难和挑战。

(二)技术标准体系尚未完善，更新规划作用有待加强

我国在城市更新方面，尚未形成完备的工程建设标准体系。城市更新

作为新兴领域，仍处于初级阶段，且面临多重挑战，如政策支持、区域发展、市场供需、品质提升、安全节能及标准体系等。目前，城市更新工作存在改造对象类型多样、建筑使用功能变化、改造范围局部与整体性的差异。尽管遵循同一套标准，但老旧建筑难以满足现行标准。严格执行可能导致资源浪费和改造工程受阻。同时，现行标准主要集中于结构加固、房屋修缮和功能性能提升，缺乏对不同类型城市更新的明确规定和配套标准。当建筑功能发生变化时，标准也需相应调整。此外，更新改造工作的范围划分也缺乏规范。审图单位通常采用"改造范围内执行现行规范，范围外维持原设计不变"的做法，但缺乏规范依据，导致实际操作中存在诸多困惑，如难以改造或改造成本巨大的部分如何界定等[①]。此外，由于土地规划部门更加偏重空间图层的规划，较难将市场与经济效益融入规划中，规划部门更多会站在人的视角去思考，而并非企业。因此，往往产生刚性规划指标要求与城市更新项目的现实运营无法衔接的问题，也会导致城市更新项目投资运营算不过来账。

123

（三）投融资机制尚不成熟，财政资金要素保障压力大

城市更新项目面临的资金问题是实施的主要难点。相较于新建项目，城市更新具有资金需求大、涉及多方利益、周期长和收益不确定等特点。融资难题和投资平衡问题成为焦点，尤其是大型改建扩建和拆除重建项目，资金需求旺盛，然而城市更新项目的收益相对较低，且运作周期长，受多种因素影响，增加了不确定性和风险，提高了融资成本。前期拆迁腾退是最大投入，但国家政策对征拆资金融资施加限制、房企红线限制和国企央企降负债背景下，融资难度加大。城市更新项目作为一级开发的延续，回报固定，使得在融资难、周期长的情况下，实现投资与收益平衡尤为困难。新时期，资金端的支持不同于过去棚改由政府和央行主导，城市更新将以市场为主，如

---

① 彭飞.我国城市更新建设标准相关问题与建议[J].工程建设标准化，2023（6）：83-87.

本轮城中村改造以地方政府与民间资金合作进行，明确指出要以市场为主。要解决资金问题，就要解决投融资模式问题，再结合具体地方的综合财力、资源禀赋，以及具体项目的经营属性、商业模式、回报机制、潜在风险等综合考量，从投资主体、融资模式、平衡机制等多维度统筹谋划。

（四）多重价值尚不能兼顾和体现，整合推进难度较大

新时代的城市更新不再局限于对建筑和环境等物质实体的简单改造，而是需要全面考虑城市更新过程中多元价值的提升。我们要通过富有人文关怀的城市更新行动，激发社会价值、民生价值、生态价值和文化价值等多方面的潜能，为人民群众创造更加美好的生活环境，为城市发展注入新的活力。其中，从经济价值角度看，城市更新应关注产业空间的优化升级，通过改造和升级现有产业空间，形成新的经济增长点，实现城市内涵式发展。从社会价值角度看，应着重提升公共服务和基础设施质量，为老旧社区注入新的活力，打造更加宜居宜业的社区环境，提高居民的幸福感和获得感。从文化价值角度看，应重视城市风貌和文化遗产的保护，采用精准而温和的改造方式，保留城市记忆，延续老城的历史文脉。

（五）相关部门管理职能分散，统筹协调力度仍显不足

当前，我国城市更新工作已在多个地区积极推进。然而，在治理过程中，中央与地方政府之间的权责关系尚未明晰，垂直管理体系仍有待完善。地方政府的自主权未能得到充分下放，缺乏系统性和结构性的制度协调。同时，城市更新的全周期管理机制尚不健全，特别是执行和监管环节存在不足，需要进一步优化权责利关系。在参与主体方面，尽管政府持续强化空间规划的管控作用，但其他主体如企业、居民、社区和投资机构等在城市更新中的参与路径并不明确，与基层治理机制的有效对接不足。这导致在解决社会问题方面缺乏足够的动力，城市空间更新的活力未能得到充分释放。

在城市更新的实践中，各地积极探索并不断创新治理机制，力图构建一种以政府引导、市场运作、公众参与为核心的可持续发展模式。然而，当前这项工作尚处于起步阶段，多元主体间的互动机制，如政府、市场、权利主体和公众等，尚未成熟。同时，精细化的治理体系也有待完善。在新的时代背景下，我们需深入思考如何进一步强化系统性更新理念，融入创新思维，并有效借助多元力量实现共治共享，从而推动城市更新更加可持续，实现经济、社会、人文和环境等多维度目标的和谐统一。这些都是当前城市更新工作所面临的现实挑战和限制因素。

（六）历史遗留问题解决不力，物业权利人核实难度大

在城市更新历年政策演变中，可以看出越来越强调城市历史风貌和历史建筑的保护保留，未来，风貌保护政策在控制报批、限定拆除比例等方面将更加严格。这对实施主体的经验、资金、运营实力等提出了更高的要求，而现实情况是不同类型的市场主体对历史文化保护的理解深度不一、文化保护和利用的能力参差不齐，这是城市更新高质量发展的要求与市场实际发展水平之间的矛盾。尤其产权分散、手续缺失及无证无照等问题，严重阻碍了改造进程，甚至导致项目停滞。同时，老旧空间产权分割复杂，涉及多方业主，产权利益协调成为限制城市更新项目实施的瓶颈。此外，权证缺失和手续资料不完整也构成难点，影响前期手续办理及后续审批。尽管各大城市已出台相关政策和法规，解决了部分历史遗留问题，但在产权协调、权证手续办理等方面，尚缺乏统一、规范和标准的流程制度。因此，在实际操作中，可能因部门事权划分不清，导致多头管理和重复审批，影响更新项目的顺利推进。随着城市更新行动的深入，老旧空间项目将陆续进入集中更新改造期，权证齐全成为亟待解决的关键问题，也是办理各项改造手续的前提。

二、破解城市更新堵点的对策

如何在实施城市更新行动中破解现实堵点，引导社会资本广泛参与，形成有为政府与有效市场相结合的新型城市开发建设机制和政策体系，是当前亟待解决且时效性极强的关键问题。针对这一挑战，我们结合上海市易居房地产研究院副院长崔霁在2024年首个工作日城市更新推进大会上提出的"践行以人为本的理念；做好开发与保护、效益与民生的兼顾；顺应文化传承、绿色低碳、数字经济等三个趋势；抓住规划为基、产业为魂、运营为本、金融为重等四个重点；平衡旧与新、大与小、快与慢、表与里、重与轻等五个关系"对策建议，提出以下观点：

（一）强化以人为本的核心理念

城市更新应始终坚持以人为本，关注居民的实际需求和生活质量的提升。通过改善公共空间、优化基础设施建设，提高城市的居住舒适度，满足人民群众对美好生活的需求[①]。同时，鼓励居民参与城市更新过程，充分听取他们的意见和需求，确保更新项目更加贴近民意，提高项目的社会效益。

强化以人为本的核心理念的具体措施可包括：一方面深化社区参与机制，建立居民参与平台，通过定期召开居民大会、设立意见箱、开展线上问卷调查等方式，确保居民在城市更新规划、设计、实施及评估全过程中的知情权、参与权和监督权。另一方面优化公共服务布局，根据居民需求调研结果，精准配置和升级公共服务设施，如增设社区文化活动中心、提升学校教学质量、扩建医疗设施等，切实提升居民生活质量。

[①] 新华日报.会场内外为"城市更新"建言献策——以人为本，建设有温度的品质城市[EB/OL]. [2023-03-08]. https://news.seu.edu.cn/2023/0313/c5541a437926/page.htm.

（二）促进开发与保护、效益与民生的和谐统一

在推进城市更新的过程中，实现开发与保护、效益与民生的和谐统一是破解堵点、实现可持续发展的关键。以下是对策的具体措施：

一是平衡开发与保护。城市更新需在促进城市发展的同时，注重历史文化的保护与生态环境的维护。通过科学规划，合理划定开发边界，确保城市建设的扩张不损害历史文化遗产和自然环境。在开发过程中，采用绿色建筑和低碳技术，减少对环境的负面影响，实现开发与保护的良性互动。同时，加强对历史街区和文化遗产的修复与活化利用，让传统文化在现代城市生活中焕发新生。

二是协调效益与民生。城市更新不仅要追求经济效益，更要关注民生福祉。在项目策划和实施过程中，应充分考虑居民的需求和利益，确保更新成果惠及广大市民。通过优化城市功能布局，提升公共服务水平，改善居民居住条件，提高城市生活品质。同时，注重解决低收入群体和弱势群体的住房问题，通过政策扶持和社会保障措施，确保他们在城市更新过程中不被边缘化。此外，还应加强社区治理和居民参与，构建共建共治共享的城市治理格局，让居民在城市更新中拥有更多的获得感和幸福感。

（三）顺应时代趋势，推动创新发展

在快速变化的时代背景下，城市更新面临着前所未有的挑战与机遇。为有效破解城市更新中的堵点问题，必须顺应时代趋势，以创新思维引领发展，推动城市更新向更高质量、更可持续的方向迈进。主要对策包括：

一是顺应智慧化趋势，提升规划与管理效能。随着信息技术的飞速发展，智慧化已成为城市更新的重要趋势。通过引入大数据、云计算、人工智能等现代信息技术，可以实现对城市发展的精准预测和科学管理。在规划阶段，利用大数据分析城市发展趋势和居民需求，制定更加科学合理的更新方案；在管理阶段，运用智能化手段提升运营效率，减少资源浪费，确保城

市更新项目的高效实施。

二是推动绿色低碳发展，构建生态友好型城市。面对全球气候变化的严峻挑战，绿色低碳已成为城市更新的必然选择。在更新过程中，应坚持生态优先、绿色发展的原则，注重保护自然环境和生态资源。通过推广绿色建筑、节能减排技术、生态修复等措施，降低城市更新对环境的负面影响，构建人与自然和谐共生的生态友好型城市。

三是强化创新驱动，激发城市发展新活力。创新是引领城市发展的第一动力。在城市更新中，应强化创新驱动战略，通过政策引导、资金投入、人才培养等多种方式，激发创新活力。鼓励企业加大研发投入，推动技术创新和产业升级；支持创新创业平台建设，为小微企业和初创企业提供成长空间；加强产学研合作，促进科技成果转化和应用。通过创新驱动，为城市更新注入源源不断的动力。

四是注重人文关怀，提升居民幸福感。城市更新的最终目的是改善居民生活环境、提升居民幸福感。因此，在更新过程中应始终坚持以人为本的理念，注重人文关怀。通过优化公共空间布局、完善公共设施配套、提升社区服务质量等措施，营造宜居宜业宜游的城市环境。同时，加强公众参与和社会监督，确保城市更新成果惠及广大市民。

（四）抓住关键要点，推动高质量发展

在推进城市更新的过程中，抓住关键要点、推动高质量发展是破解现实堵点、实现可持续发展的核心路径。这要求我们在规划、产业、运营和金融等多个方面采取具体而有效的措施，以确保城市更新项目既能满足当前需求，又能为未来发展奠定坚实基础。具体对策包括：

一是科学规划引领。在推动城市更新进程中，首要任务是提升规划编制的科学性与提高规划的可操作性。通过组建跨学科规划团队，汇聚城市规划、建筑设计、环境保护及交通规划等领域的精英，共同制定既科学又合理的城市更新蓝图。同时，积极引入大数据、人工智能等现代信息技术，深度

剖析城市发展趋势、人口结构变迁及交通流量等关键数据，为规划编制奠定坚实的数据基础。为提高规划的可操作性，需细化规划内容，明确项目建设的具体时间表、空间布局及功能定位，并建立规划实施监督机制，通过定期评估与调整，确保规划目标稳步实现。

二是产业升级驱动。城市更新离不开产业升级的强劲驱动。一方面，需紧密结合城市发展定位和资源特色，明确主导产业与特色产业的发展路径，出台针对性的扶持政策，既鼓励传统产业通过技术改造和产品创新焕发新生，又积极培育新兴产业及高新技术企业，引领产业结构向高端化、智能化转型。另一方面，致力于构建产业生态系统，强化产业链上下游企业的协作，促进资源高效配置与优势互补。此外，建设产业园区、孵化器等创新平台，为中小企业提供全链条创新创业服务，激发市场创新活力与经济增长潜力。

三是高效运营管理。高效运营管理是城市更新项目持续健康发展的关键。通过市场化手段引入具备丰富经验和专业能力的运营团队，负责项目的日常管理和运营维护，同时建立健全运营管理机制，明确职责权限，保障项目运营的高效与规范。为进一步提升项目绩效，建立科学的绩效考核体系，定期对项目运营成效进行评估，将考核结果作为运营团队奖惩及后续合作的重要参考，形成正向激励机制，促进项目运营质量与效益的持续提升。

四是金融创新支持。金融创新为城市更新项目提供了强大的资金保障。一方面，积极拓宽融资渠道，鼓励金融机构创新金融产品和服务，同时加强与社会资本的深度合作，通过PPP模式、股权合作等多种方式吸引更多社会资本参与，为项目注入充沛资金。另一方面，探索资产证券化等新型融资模式，将项目未来收益转化为可交易的金融产品，为项目提供长期稳定的资金来源。此外，加强风险防控机制建设，对融资过程中的各类风险进行全面识别、评估与控制，与金融监管部门紧密合作，确保融资活动的合法合规，有效防范金融风险，为城市更新项目的顺利实施保驾护航。

（五）平衡各方关系，促进协调发展

城市更新作为推动城市可持续发展的关键举措，面临着多方利益交织、关系复杂的挑战。为有效破解城市更新中的堵点，必须高度重视并妥善平衡各方关系，促进协调发展。本书从政府、居民、开发商及社会各界等多个维度出发，探讨如何构建和谐的更新环境，推动城市更新工作顺利进行。

一是强化政府引导与协调作用。政府作为城市更新的主导者，应充分发挥其引导与协调作用。一方面，要明确城市更新的总体目标和方向，制定科学合理的政策规划，为各方提供清晰的指导。另一方面，要建立健全沟通协调机制，加强与居民、开发商及社会各界的沟通联系，及时听取各方意见和诉求，确保城市更新工作能够兼顾各方利益，实现共赢发展。

二是尊重居民意愿，保障合法权益。居民是城市更新的直接受益者，也是最重要的参与者之一。因此，在城市更新过程中，必须充分尊重居民意愿，保障其合法权益。政府应建立完善的信息公示和意见征集制度，确保居民在城市更新决策过程中的知情权、参与权和监督权。同时，要关注弱势群体的利益保护，通过提供必要的安置补偿、就业培训等措施，帮助他们顺利度过更新过程中的过渡期。

三是促进开发商合理盈利与可持续发展。开发商作为城市更新项目的主要实施者，其盈利能力和可持续发展能力直接关系到项目的成功与否。因此，在城市更新过程中，应鼓励开发商采取科学合理的开发模式，注重项目的长期效益和社会效益。政府可通过提供政策优惠、降低开发成本等方式，支持开发商合理盈利。同时，要加强对开发商的监管，确保其依法依规经营，避免过度追求短期利益而损害城市环境和居民利益。

四是加强社会各界参与，形成合力。城市更新是一项系统工程，需要社会各界的广泛参与和支持。因此，在推进城市更新过程中，应积极引导社会组织、企业、专家学者等各方力量参与进来，共同为城市更新贡献智慧和力量。通过搭建合作平台、开展联合研究等方式，加强各方之间的交流与合作，形成推动城市更新工作的强大合力。

三、实施城市更新行动的总结

住房和城乡建设部在2024年1月24日印发了第一批8类共28个城市更新典型案例，这些案例涵盖了既有建筑更新改造、城镇老旧小区改造等多个方面，旨在发挥典型案例的示范作用，指导各地因地制宜探索完善城市更新项目组织机制、实施模式、支持政策和技术方法。例如，中国建筑科学研究院的建筑光伏零碳改造项目就是一个以光伏低碳技术为主导的建筑零碳改造案例。

在科学践行城市更新行动方面，上海市规划和自然资源局邀请了深沪两地的城市更新案例分享者，如深圳大学建筑与城市规划学院研究员张宇星和同济大学建筑与城市规划学院教授周俭，他们连线分享了深沪两地的城市更新案例并给出了分析和建议。此外，上海易居房地产研究院与上海市房产经济学会联合评选出的"上海城市更新十大典型案例"也为其他城市提供了宝贵的经验。

对于城市更新的政策效应评估，深圳市的研究表明，通过匹配详细地理边界与小区层面的住房交易数据、企业层面的工商登记注册数据及栅格层面的人口数据，可以定量考察城市更新的外部性及其影响机制。上海市人大相关委员会也将持续加强对城市更新条例实施情况的跟踪监督，广泛听取社会各方意见建议，确保条例落地见效。

区域更新相较于单地块更新更加复杂，经典案例如北京坊的历史街区更新项目，展示了区域城市更新的成功经验。此外，全球范围内的成功案例，如纽约高线公园和苏黎世西部工业区改造复兴项目，也为我国城市更新提供了借鉴。

从全国到各地的城市更新政策数量在2023年达到高峰，推动了我国城市更新更高质量发展。同时，行业各主要参与主体在投融资、平台合作、业务协同等方面持续探索，推动城市更新迈向更成熟的发展阶段。

下面以浙江省的成效为例，分析其在实施城市更新行动后的转变。

一是经济发展方面。

杭州市拱墅区为加速重振市场活力，出台了稳进提质"拱16条"、现代服务业最强区27条、新制造业9条、"双百"企业礼遇"十条"、优化营商环境"十条"、夜经济"十条"、总部经济"十条"等一系列政策，累计兑现企业扶持资金10.78亿元，亲清在线兑付资金5.64亿元，为企业减负降本66.4亿元，惠及企业4200余家。2023年，拱墅全区57个重大项目实现开工，当年投资108.2亿元；9个项目列入省服务业"百千万"工程重大项目，当年投资48.3亿元；7个项目列入省"千项万亿"工程，当年投资48.4亿元；9个省重大新建项目开工率100%，位列全省第一；市重点计划新开工项目7个，实际开工12个，超额完成年度任务。全年高新技术产业投资同比增长11.9%；制造业投资同比增长18.2%。

宁波市实施未来社区创建行动、城乡接合部焕新行动、历史街区复兴行动、低效产业用地增效行动、滨水空间提质行动、美丽城镇集群行动等六大城市更新行动。全年计划启动片区更新48个，涉及项目315个、总投资2408.5亿元，其中社会资本1199.6亿元，占比49.8%，年度目标投资451.6亿元。目前已实施项目243个，实施率达到77.1%，年度累计投资226.5亿元，完成年度目标投资50.2%。

安吉县持续推进老旧小区改造，启动蓝天花园、竹贤山庄、山水华庭等3个老旧小区改造，目前竹贤山庄已完成，蓝天花园和山水华庭改造任务过半，总计划投入资金约1.2亿元。持续实施城市畅通工程，推进绕城北路、梅园路等城市道路贯通工程，完成昌硕路、胜利路、天荒坪路等道路综合改造，启动云鸿路、阳光大道、康山大道等道路综合改造。此外，还加快推进3个风貌样板区和第七批10个未来社区创建工作。

慈溪市以城市更新为行动载体，编制《慈溪市老旧工业区块改造提升攻坚行动计划（2022—2026)（试行）》，启动24个工业区块的改造提升。到2026年，计划完成老旧工业区块改造提升1万亩以上，改造区块新增规上工业企业200家以上，改造区块亩均税收15万元以上。

二是城市品质方面。

浙江省着力推进"千项万亿"工程，住建领域完成投资2700亿元。新扩建城市道路340公里，完成起伏不平等病害整治城市道路248公里，"桥头跳车"整治257座；获得中国人居环境范例奖4个，创成省级园林城镇23个，新增绿道555公里；新建改造城市供水管网980公里，污水管网1137公里，雨水管网967公里，雨污分流管网488公里，完成二次供水设施改造小区1262个。

嘉兴市聚焦普惠共享，以风貌特色镇为基础，建立以镇街为单元的推进机制，实现省级未来社区创建全覆盖，全域开展公共服务补短板，建成省级"一老一小"场景225个，覆盖率全省第一，直接受益居民11万余户。

三是产业结构方面。

余杭区围绕"四高地一基地"建设目标，全面启动实施全区工业用地有机更新"梧桐计划"，以深化供给侧结构性改革为主线，以新动能培育和传统动能修复为主攻方向，深入实施"新制造业计划"和数字经济"一号工程"，进一步促进工信经济高质量发展。

宁波市推动甬江两岸、内环沿线等地区老旧楼宇、老旧厂房功能转型，累计完成3万余亩老厂房转型，激活约358万平方米老建筑。甬江岸边渔轮厂作为宁波体量最大的老厂房改造项目，利用区位优势，打造以"演艺+"为核心，集旅游集聚、休闲娱乐、时尚科技于一体的城市中央区文旅演艺综合体，实现从"工业锈带"到"文化秀场"的华丽转变。

第十一章　城市更新的未来趋势

当前，我国城市发展正处于从粗放化、外延式增量发展转为精细化、内涵式存量提升发展的时期。这意味着未来的城市更新不仅仅是简单的物理改造，而是要通过精细化管理和品质化的提升，改善城市的整体功能和居住环境。

因此，未来城市更新的趋势将集中于以人为本、绿色低碳、智慧建设、文化保护等方面。随着技术的进步和社会需求的变化，城市将更加注重通过创新技术实现资源的有效利用和环境保护，提升居民生活质量和城市管理效率；同时，强调人文关怀和多元参与，以建设更加宜居、安全和包容的城市环境，促进社区的活力和凝聚力，实现城市更新的全面发展。以下是城市更新的一些未来趋势。

一、更加注重人本需求

城市更新的核心目标是提升城市生活品质，而实现这一目标的关键在于以人为本。未来，城市更新将更加注重人的需求，从人的角度出发，打造宜居、宜业、宜游的城市环境。因此，城市更新的未来趋势中，人本化城市更新是一个重要方向。

一方面是以人为本的设计。即强调城市规划和设计以居民的需求和体验为核心，提供更加便利、安全、舒适的生活环境。通过人性化的公共空间设计，提升社区的活力和居民的幸福感。例如，日本在城市更新过程中，将精细、人性化的管理根植于城市规划设计理念与施工中，注重以人为本的设计原则。这种以人为本的理念不仅体现在公共空间的设置上，还体现在对居住环境、历史文脉和文化氛围的更新和提升上。

另一方面是社区参与。在新时代的城市更新中，社区参与和居民需求被放在了重要位置。通过马斯洛需求层次分析理论可知，未来城市更新需要更多地鼓励居民参与城市更新的决策过程，增强社区的凝聚力和居民的归属感。通过公众咨询、社区工作坊等方式，确保城市更新项目符合居民的真实需求。

此外，在未来的城市更新过程中应注重社会公平，保障弱势群体的居住权和发展机会，推动社会的包容性发展，打造多元共融的城市社区。因此，城市设计也将更加关注居民的生活质量，提升公共空间的舒适性和宜居性。

二、更加注重绿色低碳

城市更新是新型城镇化建设的具体行动，是城乡建设领域碳达峰的重点方向。同时，随着环保意识的提高，低碳化将成为城市更新的重要趋势。我国绿色低碳导向的城市建设实践始于对绿色建筑或产业园区的探索。在"双碳"目标的背景下，城市更新将更加注重节能减排，推广绿色建筑和低碳交通，打造低碳生态城市。同时融入绿色低碳理念，制定全方位、多层次的战略布局和顶层设计。通过设定碳减排目标，结合太阳能、风能、水资源等进行设计，鼓励增加公共绿地和开放空间，探索建立城市生态用地的增存挂钩式"绿色折抵"机制。此外，城市更新还应从全生命周期的角度理解低碳融入，注重建筑节能效率和居民低碳生活方式的培养。

2024年2月，国家发展改革委等部门结合绿色发展新形势、新任务、新要求，修订形成《绿色低碳转型产业指导目录（2024年版）》（以下简称《目录》)。《目录》明确了在绿色低碳转型中需要重点支持、加快发展的产业，并细化了这些产业的具体要求，有利于推动绿色发展并促进相关政策的协同。这些措施为培育绿色发展的新动能、加速绿色转型提供了支撑。

因此，在未来的城市建设中，低碳化将成为一个不可或缺的发展方向。通过采取加强城市绿化和生态环境保护，建设绿色建筑，推广可再生能源，打造生态社区，减少交通拥堵和能源消耗等手段，提升城市的生态环境质量，促进人与自然的和谐共生，建设出一个更加美好、宜居、低碳的城市。

三、更加注重智慧建设

数字孪生技术的应用可以优化基础设施和市政资源的调配和运行状态。同时，国家也在推动城市全域数字化转型，完善城市运行管理服务平台，深化"一网统管"建设。

2023年5月，《智慧城市　人工智能技术应用场景分类指南》GB/Z 42759国家标准的发布，构建了面向智慧城市的人工智能技术应用体系，全面考虑了人工智能技术在民生服务、城市治理、产业经济和生态宜居等领域的典型应用场景。这表明国家层面已经高度重视并推动智慧城市的建设。

此外，科学认识城市更新的内涵、功能与目标的文章指出，智慧治理是实现城市高效、精细治理的重要途径，通过大数据和信息化平台，建立城市更新系统，对城市进行全面体检评估，在城市更新过程中实时监测调控[1]。这种做法不仅提高了治理效率，还提升了城市的精细化管理水平。

进一步来看，2024年中国智慧城市研究报告也强调了数字技术的应用为智慧城市注入了新的动能，5G技术与大数据、人工智能、云计算和数字孪生等技术深度融合，为交通、安全、政务等领域带来创新。这些技术的融

---

[1] 朱正威.科学认识城市更新的内涵、功能与目标[J].国家治理，2021(47)：23-29.

合使用，使得智慧城市的治理更加智能化和高效化 ①。

同时，国家政策也给予了极大的支持。比如，2024年1月31日，习近平总书记在二十届中央政治局第十一次集体学习时明确，要大力发展科技创新，以科技创新推动产业创新。同时，要大力发展数字经济，促进数字经济和实体经济深度融合，打造具有国际竞争力的数字产业集群。

可见，未来城市更新将更加注重智慧治理，通过引入先进的人工智能、大数据、5G等技术，以及构建完善的数字化基础设施和管理体系，实现更高效、更精细的城市治理。

四、更加注重文化保护

文化产业与城市传统产业的融合创新被视为城市更新的有效路径。通过加速文化和旅游的融合发展，可以更好地挖掘和利用城市文化资源，扩大城市文化交流，吸引人口集聚，并推动城市更新升级。例如，文旅产业不仅能吸纳就业、创造税收、提高本地居民收入，还能为老旧城市空间带来消费和活力，促进历史文化空间的产城融合与高质量发展。

城市更新过程中注重历史文化保护和传承。在改造历史街区时，既要充分挖掘建筑的空间潜力及其文化价值，将原先封闭的街区转换为开放共享的公共空间，唤醒城市空间在历史和时间维度中的文化记忆；又要在保持原先城市格局与街巷肌理的前提下，将当代社会生活重新引入已经丧失部分功能的旧建筑中，有助于历史街区重新焕发价值与生命力。例如，北京、上海、南京等城市通过"功能更新、设施提升"等形式，探索出丰富多彩的活化利用和活态传承形式。

此外，城市更新还强调以文化为核心，延展空间的社会文化功能，赓续城市记忆，增强文化认同。例如，在山东青岛中山路、广东广州永庆坊等

137

---

① 张延强.2024年我国智慧城市发展形势分析与政策建议[J].中国建设信息化，2024（1）：27-30.

地，博物馆、咖啡店等业态的引入，让老街区成为新网红，让老街坊赶上新潮流。这种做法不仅提升了城市的文化内涵和生活品质，还激发了城市内生动力，推动了城市的高质量发展。

因此，城市更新的未来趋势之一是将更加注重文化保护，通过对历史文化的保护和传承以及以文化为核心的综合更新，推动城市的高质量发展和可持续性有机更新。

附件1：

2020—2023年底，国家层面发布的城市更新相关政策

发布时间	发布机构	政策名称	重点内容
2020/04	住房和城乡建设部、国家发展改革委	《住房和城乡建设部 国家发展改革委关于进一步加强城市与建筑风貌管理的通知》	①严格限制各地盲目规划建设超高层"摩天楼"，一般不得新建500米以上建筑。②不拆除历史建筑、不拆传统民居，不破坏地形地貌，不砍老树。③严把建筑设计方案比选论证和公开公示制度，防止破坏城市风貌。建立健全建筑设计方案审查关。
2020/07	国务院办公厅	《国务院办公厅关于全面推进城镇老旧小区改造工作的指导意见》（国办发〔2020〕23号）	明确城镇老旧小区改造任务，重点改造2000年底前建成的老旧小区。改造内容可分为基础类、完善类、提升类，各地因地制宜确定改造内容清单，标准和支持政策。2020年新开工改造城镇老旧小区3.9万个，涉及居民近700万户，到2022年，基本形成城镇老旧小区改造制度框架、政策体系和工作机制
2020/08	住房和城乡建设部	《住房和城乡建设部办公厅关于在城市更新改造中切实加强历史文化保护坚决制止破坏行为的通知》（建办科电〔2020〕34号）	加强对城市更新改造项目的评估论证。对涉及老街区、老厂区、老建筑的城市更新改造项目，各地要预先进行历史文化资源调查，组织专家开展评估论证，确保不破坏地形地貌、不拆除历史遗存，不砍老树。对改造面积大于1公顷或涉及5栋以上具有保护价值建筑的项目，评估论证结果要向省级住房和城乡建设（规划）部门报告备案
2020/09	住房和城乡建设部	《住房和城乡建设部关于加强大型城市雕塑建设管理的通知》（建科〔2020〕79号）	明确要加强大型城市雕塑管理。要指出要完善大型城市管理机制，包含建设管理制度、设计方案审批机制以及施工和维护机制，还对落实主体责任、开展培训和宣传、繁荣雕塑创作、加强监督管理等工作作出明确要求
2020/10	十九届五中全会	《中华人民共和国国民经济和社会发展第十四个五年规划和2035年远景目标纲要》	提出要推进以人为核心的新型城镇化，实施城市更新行动，推进城市生态修复、功能完善工程，统筹城市规划、建设、管理，合理确定城市规模、人口密度、空间结构，促进大中小城市和小城镇协调发展

139

发布时间	发布机构	政策名称	重点内容
2021/01	国家发展改革委	《国家发展改革委办公厅关于总结推广加强城镇老旧小区改造资金保障典型经验的通知》（发改办投资〔2021〕794号）	加大相关政策宣传贯彻力度，推进各地方总结推广，交流借鉴，相互启发，共同发展，进一步加快推进城镇老旧小区改造资金保障典型经验交流借鉴制度
2021/03	国务院	《2021年政府工作报告》	深入推进以人为核心的新型城镇化战略，加快农业转移人口市民化，常住人口城镇化率提高到65%，发展壮大城市群和都市圈。实施城市更新行动，完善住房市场体系和住房保障体系，提升城镇化发展质量。政府投资更多向涉及面广的民生项目倾斜，新开工改造城镇老旧小区5.3万个，提升县城公共服务水平
2021/04	国家发展改革委	《2021年新型城镇化和城乡融合发展重点任务》（发改规划〔2021〕493号）	实施城市更新行动。在老城区推进老旧小区、老旧厂区、老旧街区、城中村等"三区一村"改造为主要内容的城市更新行动。加快推进老旧小区改造，2021年新开工改造5.3万个，有条件的可同步开展建筑节能改造。在城市群、都市圈和大城市等经济发展优势地区，探索老旧厂区和大型老旧街区改造为城市社区。因地制宜将一批城中村改造为城市社区或其他空间
2021/05	国务院办公厅	《国务院办公厅关于科学绿化的指导意见》（国办发〔2021〕19号）	加强古树名木保护，严格保护修复古树名木及其自然生境，对古树名木实行挂牌保护，及时抢救；要结合城市更新，采取增绿连建等方式，增加城市绿地；要坚决反对"大树进城"等急功近利行为，避免片面追求景观化，切忌行政命令瞎指挥，严禁脱离实际，铺张浪费，劳民伤财搞面子工程、形象工程
2021/08	住房和城乡建设部	《住房和城乡建设部关于在实施城市更新行动中防止大拆大建问题的通知》（建科〔2021〕63号）	为积极稳妥实施城市更新行动，坚持划定底线，防止城市更新变形走样。1）严格控制大规模拆除；2）严格控制大规模增建；3）严格控制大规模搬迁；4）确保住房租赁市场供需平稳；坚持应留尽留，全力保留城市记忆，加强统筹谋划，探索可持续更新模式
2021/09	中共中央办公厅、国务院办公厅	《关于在城乡建设中加强历史文化保护传承的意见》（国务院公报2021年第26号）	到2025年，多层级多要素的城乡历史文化保护传承体系初步构建，城乡历史文化遗产基本做到应保尽保，形成一批可复制可推广的活化利用经验，建设性破坏行为得到明显遏制，历史文化保护传承工作融入城乡建设的格局基本形成

续表

发布时间	发布机构	政策名称	重点内容
2021/10	住房和城乡建设部、应急管理部	《住房和城乡建设部 应急管理部关于加强超高层建筑规划建设管理的通知》（建科〔2021〕76号）	严格控制新建超高层建筑，强化既有超高层建筑安全管理两方面综合提出了九项实际举措，从防风险、强监管到明责任对超高层建筑进行科学规划建设管理，促进城市高质量发展。并规定城区常住人口300万以下城市新建150米以上超高层建筑，城区常住人口300万以上城市新建250米以上超高层建筑，实行责任终身追究
2021/11	住房和城乡建设部、国家文物局	《住房和城乡建设部 国家文物局关于加强国家历史文化名城保护专项评估工作的通知》（建科〔2021〕83号）	要坚持目标导向、问题导向和结果导向，全面准确评估各名城保护工作情况，保护对象保护状况，及时发现和解决历史文化遗产严重遭破坏、拆除等突出问题，推进落实保护责任，同责同效，问题整改，切实提高名城保护能力和水平
2021/11	住房和城乡建设部	《住房和城乡建设部办公厅关于开展第一批城市更新试点工作的通知》（建办科函〔2021〕443号）	决定在北京、唐山、呼和浩特、沈阳、南京、苏州、宁波、滁州、铜陵、厦门、景德镇等21个城市或市辖区开展第一批城市更新试点工作。并提出，第一批试点自2021年11月开始，为期2年，将重点探索城市更新统筹谋划机制
2021/12	住房和城乡建设部办公厅 国家发展改革委办公厅 财政部办公厅	《住房和城乡建设部办公厅 国家发展改革委办公厅 财政部办公厅关于进一步明确城镇老旧小区改造工作要求的通知》（建办城〔2021〕50号）	为扎实推进城镇老旧小区改造，推动城市更新和开发建设方式转型，提出：1）把牢底线要求，坚决把民生工程做成满意工程；2）聚焦难题攻坚，发挥城镇老旧小区改造发展工程作用；3）完善督促指导工作机制
2022/03	国务院	《2022年政府工作报告》	提高新型城镇化质量。有序推进城市更新，加强市政设施和防灾减灾能力建设，开展老旧建筑和市政设施安全隐患排查整治，再开工改造一批城镇老旧小区，支持加装电梯等设施，推进无障碍环境建设和公共设施适老化改造
2022/03	国家发展改革委	《2022年新型城镇化和城乡融合发展重点任务》（发改规划〔2022〕371号）	在加快推进新型城市建设方面有序推进城市更新，加快改造城镇老旧小区，推进水电路气信等配套设施建设及小区内建筑物屋面、外墙、楼梯等公共部位维修，有条件的加装电梯，力争改善840万户居民基本居住条件

141

续表

发布时间	发布机构	政策名称	重点内容
2022/06	国家发展改革委办公厅	《关于做好盘活存量资产扩大有效投资有关工作的通知》(发改投资〔2022〕561号)	对城市老旧资产资源特别是老旧小区改造等项目,可通过精准定位、提升品质、完善用途等丰富资产功能,吸引社会资本参与
2022/07	国家发展改革委	《"十四五"新型城镇化实施方案》(发改规划〔2022〕960号)	重点在老城区推进以老旧小区、老旧街区、老旧厂区、城中村等"三区一村"改造为主要内容的城市更新改造,探索政府引导、市场运作、公众参与模式。注重改造活化既有建筑,防止大拆大建
2022/10		党的二十大报告	加快转变超大特大城市发展方式,实施城市更新行动,加强城市基础设施建设,打造宜居、韧性、智慧城市
2022/11	住房和城乡建设部	《住房和城乡建设部办公厅关于印发实施城市更新行动可复制经验做法清单(第一批)的通知》(建办科函〔2022〕393号)	包括建立城市更新统筹谋划机制;建立政府引导、市场运作、公众参与的可持续实施模式;创新与城市更新相配套的支持政策
2022/12	中共中央、国务院	《扩大内需战略规划纲要(2022—2035年)》	推进城市设施规划建设和城市更新。加强市政水、电、气、路、热、信等体系化建设,推进地下综合管廊等设施建设,加强城市内涝治理,加强城镇污水和垃圾处理体系建设、建设宜居、创新、智慧、绿色、人文、韧性城市。加强城镇老旧小区改造和社区建设,补齐社区设施短板,改善社区人居环境。加快地震易发区房屋设施抗震加固改造,加强城市安全监测。强化历史文化保护,塑造城市风貌,延续城市历史文脉
	国家发展改革委	《国家发展改革委办公厅关于印发盘活存量资产扩大有效投资典型案例的通知》(发改办投资〔2022〕1023号)	征集和评估筛选了一批盘活存量资产扩大有效投资典型案例,包括盘活存量资产与改扩建有机结合案例,挖掘闲置低效资产价值案例等
2023/01	中共中央、国务院	《关于加强新时代水土保持工作的意见》	在提升生态系统水土保持功能方面实施城市更新行动,推进城市水土保持和生态修复,强化山体、山林、水体、湿地保护,保持山水生态的原真性和完整性,推动绿色城市建设

续表

发布时间	发布机构	政策名称	重点内容
2023/03	国务院	《2023年政府工作报告》	实施城市更新行动，促进区域优势互补、各展其长，继续加大对受疫情冲击较严重地区经济社会发展的支持力度，鼓励和吸引更多民间资本参与国家重大工程和补短板项目建设，激发民间投资活力
2023/05	自然资源部	《自然资源部关于深化规划用地"多审合一、多证合一"改革的通知》（自然资发〔2023〕69号）	探索建立建设工程规划许可豁免清单和告知承诺制。各地可在不影响周边利害关系人合法权益、不改变建筑主体结构、不破坏环境景观环境，保证公共安全和公共利益的前提下，对老旧小区微改造、城市公共空间服务功能提升等微更新项目，探索制定建设工程规划许可豁免清单并完善事中事后监管机制。各地还可分区分项目类型、风险程度，按照最大限度利企便民的原则探索建设工程规划许可告知承诺制
2023/06	住房和城乡建设部	《城乡历史文化保护利用项目规范》GB 55035—2023	在城乡建设中加强历史文化保护与传承利用，建立分类科学、保护有力、管理有效的城乡历史文化保护传承体系，延续历史文脉，推动城乡建设高质量发展，增强中华民族文化自信
	住房和城乡建设部	《住房城乡建设部关于扎实有序推进城市更新工作的通知》（建科〔2023〕30号）	提出要从坚持城市体检先行、发挥城市更新规划统筹作用、强化精细化城市设计引导、创新城市更新可持续实施模式、明确城市更新底线要求等五个方面出发，复制推广各地已形成的好经验好做法，扎实有序推进实施城市更新行动，提高城市规划、建设、治理水平，推动城市高质量发展
2023/07	住房和城乡建设部、国家发展改革委等	《关于扎实推进2023年城镇老旧小区改造工作的通知》（建办城〔2023〕26号）	提出要扎实抓好"楼道革命""环境革命""管理革命"3个重点，重点改造2000年底前建成需改造的城镇老旧小区。政策首次在老旧小区改造中提及房屋养老金制度，并比过去强调老旧小区改造后续的维护和持续，更加强调调后续的民生导向，此次也首次提及政府隐性债务的关系
	国务院	《关于在超大特大城市积极稳步推进城中村改造的指导意见》（国办发〔2023〕25号）	强调改造是改善民生、扩大内需，推动城市高质量发展的重要措施。要坚持稳中求进，优先改造城市危旧房，安全隐患需求迫切、安全隐患突出的城中村。要坚持稳妥推进

143

发布时间	发布机构	政策名称	重点内容
2023/09	自然资源部	《自然资源部关于开展低效用地再开发试点工作的通知》(自然资发〔2023〕171号)	包括总体要求、主要任务和组织实施三方面的内容,围绕盘活利用存量用地、聚焦低效用地再开发,支持城市重点从规划统筹、收储支撑、政策激励和基础保障4个方面探索创新政策举措。预计43个城市后续细化政策支持有望出台,而城中村改造作为土地再开发的重点和难点,土地相关政策的突破也将成为关键
2023/11	自然资源部	《支持城市更新的规划与土地政策指引(2023版)》	在总结各地实践经验的基础上,根据相关法律法规和标准规范组织编制,旨在推动支持城市更新的总体要求和实际。各地可结合实际,按照城市更新探索和目标、因地制宜细化的要求,开展城市更新与土地政策探索创新。文件包括:总体目标;基本原则;将城市更新需求融入国土空间规划体系,改进国土空间规划方法;针对城市更新的规划要点,完善城市更新支撑保障的政策工具;加强城市更新的规划服务和监管
	国家发展改革委	《城市社区嵌入式服务设施建设工程实施方案》	在城区人口超过100万的大城市优先推进,通过在城市社区、小区公共空间嵌入养老托育、社区助餐、家政便民、健康服务、体育健身等功能性适配性服务,不断完善社区功能
2023/12	住房和城乡建设部	《住房和城乡建设部关于全面开展城市体检工作的指导意见》(建科〔2023〕75号)	在全国地级及以上城市全面部署开展城市体检工作,把城市体检作为统筹城市规划、建设、管理工作的重要抓手,从住房到小区(社区)、街区、城区(城市),找出群众反映强烈的难点、堵点、痛点问题,坚持目标导向、问题导向,查找影响城市竞争力、承载力、可持续发展的短板弱项,强化成果应用,把城市体检发现的问题作为城市更新的重点,建立健全"发现问题—解决问题—巩固提升"的工作机制

地方层面（部分城市）发布的相关政策文件出台情况

发布地区		政策名称
省级层面	广东省	(1)《广东省旧城镇旧厂房旧村庄改造管理办法》 (2)《关于深入推进"三旧"改造工作的实施意见》 (3)《广东省住房和城乡建设厅　广东省发展和改革委员会　广东省财政厅关于进一步促进城镇老旧小区改造规范化提升质量和效果的通知》 (4)《关于结合城镇老旧小区改造等工作系统推动城市居住社区建设补短板行动的函》 (5)《广东省城镇老旧小区改造可复制政策机制清单》 (6)《广东省"节地提质"攻坚行动方案（2023—2025年）》
	江苏省	(1)《关于实施城市更新行动的指导意见》 (2)《关于大力推进城镇老旧小区改造工作的指导意见》 (3)《江苏省城镇老旧小区改造技术导则（试行）》 (4)《关于分解下达2023年度城镇保障性安居工程、老旧小区改造目标任务的通知》 (5)《省发展改革委关于进一步完善政策环境加大力度支持民间投资发展的实施意见》 (6)《江苏省城市更新行动指引（2023版）》
	山东省	(1)《山东省城镇老旧小区适老化改造指南》 (2)《山东省城镇老旧小区改造工程质量通病防治技术指南》 (3)《关于推动城市片区综合更新改造的若干措施》 (4)《山东省城市更新行动实施方案》
	浙江省	(1)《浙江省人民政府办公厅关于全域推进未来社区建设的指导意见》 (2)《浙江省人民政府办公厅关于全面推进现代化美丽城镇建设的指导意见》 (3)《浙江省住房和城乡建设厅关于深入推进城乡风貌整治提升　加快推动和美城乡建设的指导意见》 (4)《浙江省新型城镇化发展"十四五"规划》 (5)《城乡规划建设管理体制机制改革方案》 (6)《浙江省城镇老旧小区改造技术导则（2022年版）》 (7)《历史文化资源调查评估论证指南（试行）》 (8)《浙江省城市信息模型（CIM）基础平台技术导则（试行）》 (9)《省建设厅关于加快推进市政公用领域专项体检的通知》 (10)《关于稳步推进城镇老旧小区自主更新试点工作的指导意见（征求意见稿）》
	北京	(1)《北京市人民政府关于实施城市更新行动的指导意见》 (2)《北京市城市更新条例》 (3)《北京市"十四五"时期城市更新规划》 (4)《北京市老旧小区改造工作改革方案》

发布地区		政策名称
省级层面	北京	(5)《关于促进本市老旧厂房更新利用的若干措施》 (6)《关于下达2023年全市老旧小区综合整治工作任务的通知》 (7)《北京市征收集体土地房屋补偿管理办法》 (8)《关于进一步做好危旧楼房改建有关工作的通知》 (9)《北京市既有建筑改造工程消防设计指南》 (10)《关于印发加强腾退低效产业空间改造利用促进产业高质量发展实施方案的通知》
	上海	(1)《上海市城市更新指引》 (2)《上海市城市更新操作规程（试行）》 (3)《上海市城市更新行动方案（2023—2025年）》 (4)《关于本市住房公积金支持城市更新有关政策的通知》 (5)《上海市城市更新专家委员会工作规程（试行）》 (6)《关于本市全面推进土地资源高质量利用的若干意见》 (7)《关于加快转变发展方式　集中推进本市城市更新高质量发展的规划资源实施意见（试行）》 (8)《关于建立"三师"联创工作机制　推进城市更新高质量发展的指导意见（试行）》
	重庆	(1)《重庆市城市更新管理办法》 (2)《城市更新项目规划和用地管理的指导意见（试行）》 (3)《重庆市住房和城乡建设委员会关于加强城市更新项目管理的通知》 (4)《重庆市城市更新技术导则》 (5)《重庆市城市更新基础数据调查技术导则》 (6)《重庆市城市更新提升"十四五"行动计划》 (7)《重庆市城乡建设领域碳达峰实施方案》 (8)《重庆市"三师进企业，专业促更新"行动方案》 (9)《重庆市城市小微公共空间更新指南（试行）》 (10)《重庆市城市更新招商手册》
	天津	(1)《天津市城市更新行动计划（2022—2025年）》 (2)《天津市进一步盘活存量资产扩大有效投资若干措施》 (3)《天津市既有住宅加装电梯工作指导意见》 (4)《中心城区更新提升行动方案》 (5)《天津市规划和自然资源局关于支持盘活存量建设项目内部分割的管理规定（试行）》 (6)《天津市城市更新行动计划（2023—2027年）》

浙江省内各地市发布的相关政策文件（部分）情况

政策类型	政策名称
法规条例 （含预备项目）	（1）《宁波市城市更新办法》 （2）《嘉兴市城市更新管理办法》 （3）《台州市城市更新条例（草案）》 （4）《杭州市城市更新条例》
指导文件	（1）《杭州市人民政府办公厅关于全面推进城市更新的实施意见》 （2）《宁波市人民政府关于推进城市有机更新工作的实施意见》 （3）《宁波市人民政府办公厅关于开展城中村改造攻坚行动的实施意见》 （4）《宁波市人民政府办公厅关于高质量推进未来社区试点建设工作的实施意见》 （5）《宁波市城市更新试点实施方案》 （6）《湖州市中心城区城市有机更新实施方案》 （7）《乐清市人民政府办公厅关于推进城市更新的实施意见》
规划计划	（1）《杭州市国民经济和社会发展第十四个五年规划和二〇三五年远景目标纲要》 （2）《杭州市全面推进城市更新行动方案（2023—2025年）》 （3）《宁波市城乡建设发展"十四五"规划》 （4）《宁波市全面推进未来社区建设实施方案》 （5）《宁波市城市更新专项规划（2022—2035年）》 （6）《城中村等四类村改造三年（2023—2025）行动方案》 （7）《宁波市未来社区创建和社区公共服务设施补短板提升三年行动计划（2023—2025）》 （8）《宁波市城市更新未来社区（完整社区）验收办法》 （9）《台州市城市有机更新"十四五"规划》 （10）《舟山市城镇老旧小区改造"十四五"规划》 （11）《嘉善县老城区有机更新专项规划（2021—2035年）》 （12）《海宁城市品质提升三年行动计划（2022—2024年）》
配套政策	（1）《关于建立全市老旧小区综合改造提升工作机制的通知》 （2）《关于进一步规范杭州市老旧小区综合改造提升项目工程审批的指导意见》 （3）《关于进一步规范市级存量房屋提供用于老旧小区配套服务的指导意见》 （4）《宁波市未来社区创建市级专项奖补资金管理办法（试行）》 （5）《宁波市住房和城乡建设局关于进一步深入推进既有多层住宅加装电梯工作若干试点意见》 （6）《宁波市历史建筑保护管理办法（试行）》 （7）《宁波市历史建筑专项资金管理办法（试行）》

政策类型	政策名称
配套政策	（8）《宁波市老旧住宅小区改造专项资金管理办法（2018试行）》 （9）《温州市城镇老旧小区改造工作指南（试行）》 （10）《绍兴市区国有土地上房屋征收与补偿实施办法（修订）》 （11）《舟山市市区既有住宅加装电梯市级补助资金使用管理办法》
标准规范	（1）《杭州市老旧小区综合改造提升技术导则（试行）》 （2）《杭州市老旧小区综合改造提升工作指南》 （3）《宁波市城镇老旧小区改造设计导则（2021）》 （4）《宁波市更新片区（街区）体检和策划方案编制技术指引》 （5）《宁波市既有多层住宅加装电梯技术指南》 （6）《金华市城市更新规划导则》

参考文献

［1］薄宏涛.存量时代下工业遗存更新的策略与路径[M].南京：东南大学出版社，
　　2021：151.

［2］陈晟.产城融合（城市更新与特色小镇）理论与实践[M].北京：中国建筑工业出
　　版社，2017.

［3］陈晟.中国城市更新理论与实践[M].北京：中国建筑工业出版社，2020.

［4］陈国泳.我国城市棚户区改造存在的问题及对策建议——借鉴深圳地区经验浅
　　析[J].住宅与房地产，2022（24）：18-23.

［5］城市规划设计研究院.城市规划资料集，城市历史保护与城市更新.第八分册
　　[M].北京：中国建筑工业出版社，2008.

［6］邓铭庭.标准与法比较研究[M].北京：法律出版社，2024.

［7］杜栋.城市"病"、城市"体检"与城市更新的逻辑[J].城市开发，2021（10）：
　　18-19.

［8］杜雁，胡双梅，王崇烈，等.城市更新规划的统筹与协调[J].城市规划，2022，
　　46（3）：15-21.

［9］范明月，张武林.城市更新视角下先新福林带综合开发运营模式研究[J].工程管
　　理学报，2021，35（2）：80-84.

［10］高学成，盛况，高祥，等.从市场主导走向多方合作：城市更新中多元主体参
　　　与模式分析[J].未来城市设计与运营，2022（6）：7-12.

［11］戈晶晶.城乡融合发展离不开数字化[J].中国信息界，2022（4）：3.

［12］葛顺明.将绿色发展理念融入城市更新[J].城市开发，2024（2）：104-105.

［13］郭理桥.中外精英荟萃"把"行业发展脉搏——我国智慧城市发展现状[J].智能建筑，2013（7）：3.

［14］韩文超，吕传廷，周春山.从政府主导到多元合作——1973年以来台北市城市更新机制演变[J].城市规划，2020，44（5）：97-103，110.

［15］郝辰杰.价值统筹导向的参与式城市更新路径研究[J].城市建筑，2023，20（7）：38-42.

［16］何建宁.中国城市更新的演进历程与协同治理体系研究[M].北京：中国财政经济出版社，2022.

［17］何一民，何永之.中国式城镇化：从传统城市化向新型城镇化转型的理论探索与实践创新[J].西华大学学报（哲学社会科学版），2024，43（1）：1-10.

［18］侯晓蕾，邹德涵.城市小微公共空间公众参与式微更新途径——以北京微花园为例[J].世界建筑，2023（4）：50-55.

［19］胡翼琼.基于"城市双修"理念的城市更新改造探讨[J].价值工程，2021（25）：30-32.

［20］黄琲斐.巴塞罗那的城市更新[J].建筑学报，2002（5）：57-61.

［21］黄江松.习近平关于城市工作重要论述研究[J].城市管理与科技，2019，21（6）：7-11.

［22］黄倩，耿宏兵，阳建强.绿色城市更新理念及其内涵初探[C]//2019中国城市规划年会，重庆市人民政府.活力城乡 美好人居——2019中国城市规划年会论文集（02城市更新）.中国城市规学会；东南大学建筑学院，2019：9. DOI：10.26914/c.cnkihy.2019.005327.

［23］黄旭东.低碳视角下城市更新规划策略研究[J].城市建筑空间，2022，29（6）：154-156.

［24］蒋纹，刘畅.城市更新的多元主体参与机制研究[J].浙江建筑，2024，41（1）：90-95.

［25］匡晓明.上海城市更新面临的难点与对策[J].科学发展，2017（3）：8.

［26］雷鸣.城市综合体对城市空间规划发展的影响研究[D].南昌：南昌航空大学，
2014.

［27］李坤.巴塞罗那不灭的加泰罗尼亚精神[J].足球世界，2003（16）：35-36.

［28］李磊.浅谈规划建设统筹协调策略——以徐州市区规划建设统筹协调为例[J].
江苏城市规划，2017（10）：5.

［29］李世茂.城市更新背景下的社区公共空间环境设计[J].住宅与房地产，2024
（1）：95-97.

［30］李迅，白洋，曹双全."双碳"目标下的城市更新行动探索[J].城市发展研究，
2023（8）：58-67.

［31］李岩.片区统筹推动核心区城市更新[J].北京观察，2023（11）：28.

［32］李艳波.城市更新中公共空间的整理与激活[J].建筑实践，2021，3（8）.

［33］梁栋.城市更新投融资模式研究[J].中文科技期刊数据库（全文版）经济管理，
2023（4）：4.

［34］梁语晨，黄剑.城市更新项目投融资模式的研究综述[J].价值工程，2022，41
（6）：162-165.

［35］刘冰莹，梁浩扬，童磊.22@巴塞罗那发展创新城区的实践及启示[J].建筑与
文化，2019（7）：83-84.

［36］刘伯霞，刘杰，王田，等.国外城市更新理论与实践及其启示[J].中国名城，
2022，36（1）：15-22.

［37］刘军伟，张雯雯，叶青.由休闲商业街谈上海城市休闲空间更新发展——基
于上海虹梅路休闲街的实地调查[J].消费导刊，2007（9）：2.

［38］刘丽敏，王依娜，刘博文.城市"新更新理念"的建构：基于国内外城市更新
理念的经验与发展[J].经济论坛，2022（12）：15-23.

［39］刘婉虹.晋中市中心城区15分钟社区生活圈规划研究[J].建材与装饰，2020
（7）：106-107.

［40］刘修岩，杜聪，盛雪绒.容积率规制与中国城市空间结构[J].经济学（季刊），
2022，22（4）：1447-1466.

［41］马佳丽，王汀汀，杨翔.城市更新概要和投融资模式探索[J].中国投资（中英文），2021（Z7）：37-40.

［42］马亚东.基于智慧城市的城市体检与城市更新策略研究[M].北京：北京交通大学出版社，2020.

［43］毛子骏，黄膺旭.数字孪生城市：赋能城市"全周期管理"的新思路[J].电子政务，2021（8）：67-79.

［44］倪虹.新时代城市工作者的使命与担当[J].中国勘察设计，2023（10）：8-11.

［45］牛磊.全面践行人民城市理念[J].党课参考，2024（2）：62-77.

［46］彭飞.我国城市更新建设标准相关问题与建议[J].工程建设标准化，2023（6）：83-87.

［47］秦虹，苏鑫.城市更新[M].北京：中信出版社，2018.

［48］秦虹，苏鑫.城市更新的目标及关键路径[M].北京：中国社会科学出版社，2020.

［49］秦虹.城市更新：城市发展的新机遇[J].中国勘察设计，2020（8）：20-27.

［50］任荣荣.城市更新：已有进展、待破解难题及政策建议[J].上海城市管理，2023，32（4）：2-8

［51］任荣荣.我国城市更新问题研究[M].北京：经济管理出版社，2022.

［52］司海燕.以"全周期管理"思维推进城市治理[J].世纪桥，2021（5）：71-74.

［53］宋兵，杨沛然，沈洁，等.城市更新与未来社区——人本化，生态化，数字化[J].建设科技，2022（13）：35-39，43.

［54］宋春华.新型城镇化背景下的城市规划与建筑设计[J].建筑学报，2015（2）：1-4.

［55］宋昆，景琬淇，赵迪，等.从城市更新到城市更新行动：政策解读与路径探索[J].城市学报，2023（5）：19-30.

［56］佚名.探索智慧运维发展新格局[J].中国建设信息化，2023（6）：36-37.

［57］唐燕.强化制度建设推进城市更新从简单的物质改造转向综合的社会治理[J].环境经济，2020（13）：39-43.

[58] 田莉，姚志浩，梁印龙.城市更新与空间治理[M].北京：清华大学出版社，2021.

[59] 田昕丽，刘巍，李明玺.以街区更新"4+1"工作法助力北京责任规划师的制度建设与实践[J].北京规划建设，2021（S01）：125-129.

[60] 汪科，季珏，王梓豪，等.城市更新背景下基于CIM的新型智慧城市建设和应用初探[J].建设科技，2021（6）：4.

[61] 汪丽君，刘荣伶.大城小事·睹微知著——城市小微公共空间的概念解析与研究进展[J].新建筑，2019（3）：104-108.

[62] 王健.树立"全周期管理"意识探索超大城市社会风险治理的新路径[J].理论与现代化，2020（5）：121-128.

[63] 王凯."双碳"背景下的城市发展机遇[J].城市问题，2023（1）：15-18.

[64] 王向荣.城市微更新[J].风景园林，2018，25（4）：4-5.

[65] 王永健，汪碧刚.探索共建共治共享的城市治理新格局[J].人民论坛，2017（36）：46-47.

[66] 王志芳，李迪华，杨凌，等.生态系统负面服务研究与城市问题诊断[J].景观设计学，2017（6）：28-35.

[67] 温日琨.谈城市更新与房地产市场的互动效应[J].商业时代，2008（22）：3.

[68] 伍江.城市有机更新的三个维度[J].中国科学（技术科学），2023，53（5）：713-720.

[69] 徐世杰.城市更新项目投融资模式研究与问题思考[J].中国工程咨询，2023（3）：89-93.

[70] 徐水太，李晞薇，袁雯.存量发展背景下城市更新创新治理模式研究[J].工程经济，2023（10）：19-26.

[71] 徐小黎，安谐彬."多规合一"背景下的城市更新思考与建议[J].中国土地，2023（9）：4-8.

[72] 徐云凡.城市更新之巴塞罗那的实践[J].城乡建设，2021（1）：71-73.

[73] 阳建强.城市更新与可持续发展[M].南京：东南大学出版社，2019.

153

［74］阳建强.新发展阶段城市更新的基本特征与规划建议[J].国家治理，2021（47）：17-22.

［75］杨冬冬.城市更新项目投融资模式设计[J].价值工程，2023，42（16）：55-57.

［76］杨婧.基于"城市双修"视角下城市失落空间优化更新设计策略研究[D].北京：北京工业大学，2018.

［77］杨磊.以系统规划理念为背景的城市更新思考[J].中国房地产业，2017（18）：1.

［78］杨振卿.基于社会学视角下老城区空间重构在城市更新中的设计策略——以合肥姚公庙区域为例[D].桂林：桂林理工大学，2016.

［79］姚迈新.大伦敦城市规划发展的经验及其对广州的启示探析[J].岭南学刊，2019（1）：6.

［80］佚名.华东建筑集团股份有限公司.顺应经济发展新常态 打造城市更新新动能[J].中国勘察设计，2020（2）：51.

［81］佚名.重庆首次制定城市更新规划负面清单[J].城市规划通讯，2021（19）：7.

［82］于江.城市更新改造与历史文化保护的探讨[J].上海城市规划，2009（5）：54-58.

［83］张波.城市更新背景下大型公共建筑不间断运营改建技术[J].建筑施工，2021，43（11）：2320-2322.

［84］张博.推动城市更新及老旧小区改造可持续发展[J].中国住宅设施，2022（12）：159-161.

［85］张杰，李旻华.文化保护传承引领的城市更新价值提升[J].当代建筑，2023（6）：21-25.

［86］张杰，张弓，李旻华.从"拆改留"到"留改拆"——城市更新的低碳实施策略[J].世界建筑，2022（8）：4-9.

［87］张津铭.浅谈城市更新中的历史街区保护问题[J].城市建设理论研究：电子版，2015（23）.

［88］张琳卿，王悦颖.社会资本参与视角下的城市更新投融资模式研究[J].住宅与房地产，2022（Z1）：87-91.

［89］张庭伟.规划的初心，使命及安身[J].城市规划，2019，43（2）：9-13.

［90］张伟，高建武，许晶.以"全周期管理"意识构建高质量网格服务管理平台[J].社会治理，2021（9）：010.

［91］张文忠，何炬，谌丽.面向高质量发展的中国城市体检方法体系探讨[J].地理科学，2021，41（1）：1-2.

［92］张晓东，吴明庆，杨青，等."以人为本"视域下城市老旧社区更新需求分析及对策[J].城市问题，2023（9）：95-103.

［93］张延强.2024年我国智慧城市发展形势分析与政策建议[J].中国建设信息化，2024（1）：27-30.

［94］张志红.全国政协委员张志红：加强城市更新的顶层设计和制度保障[J].中国勘察设计，2023（3）：21.

［95］赵燕菁.城市更新的财务策略[M].北京：中国建筑工业出版社，2023.

［96］赵燕菁.城市更新中的财务问题[J].国际城市规划，2023，38（1）：19-27.

［97］赵峥，王炳文.城市更新中的多元参与：现实价值、主要挑战与对策建议[J].重庆理工大学学报（社会科学），2021，35（10）：9-15.

［98］中国城市规划设计研究院.城市规划资料集[M].北京：中国建筑工业出版社，2002.

［99］周显坤.城市更新区规划制度之研究[D].北京：清华大学，2017.

［100］朱正威.科学认识城市更新的内涵、功能与目标[J].国家治理，2021（47）：23-29.